KB073303

말투를
바꿨더니

아이가
공부에
집중합니다

말투를 바꿨더니 아이가 공부에 집중합니다

숱한 고비를 넘어
합격에 이른
서울대 부모의
20년 언어 습관

정재영 · 이서진 지음

고민과 고통이
공부 집중을 방해합니다

머리가 나빠서 성적이 낮은 게 아닙니다. 머리가 복잡해서 성적이 떨어집니다.

고민과 고통이 많은 아이는 공부에 집중하지 못합니다. 지능이 높더라도 성적이 높을 도리가 없습니다. 그건 모두가 알고 있는 쉽고 단순한 사실입니다.

그런데 해결이 쉽지 않습니다. 어떻게 하면 정신적 혼란에서 아이를 구출할 수 있을까요?

저희는 역시나 부모의 말이 관건이라고 생각합니다. 평안한 아이로 만들고 공부 집중을 가능하게 하는 말투와 화법이 있습니다. 그걸 전하는 것이 이 책의 목적입니다.

무엇보다 행복한 엄마 그리고 아빠의 말이 공부 몰입을 가능하게 합니다. 기분 좋은 엄마의 따뜻한 말이 아이 마음을 맑게 합니다. 자존감 높은 엄마가 아이의 자존감을 보호합니다. 본문에서 설명하겠지만 사랑과 신뢰의 말이 실제로 아이의 지능을 높입니다. 요컨대 행복하고 자기 사랑 넘치는 부모가 공부를 위한 최적의 환경인 것입니다. 그래서 부모에게 현실적 목표, 스트레스 관리, 자기 공감이 절실하다는 결론이 나옵니다.

부모만이 아니라 아이 본인의 문제 해결도 당연히 중요합니다. 아이가 평안한 마음으로 공부에 집중하게 하려면 적어도 6가지 고민을 해소해 줘야 합니다.

- 관계 스트레스
- 외모와 스마트폰 집착
- 부정적 자동 생각
- 열등감과 우월감
- 학교 폭력
- 자기 성격에 대한 비난

친구나 선생님과의 관계에서 스트레스를 느끼지 않는 아이가 책에 집중할 수 있겠죠. 자신의 외모나 성격을 긍정하지 않고서는 우등생이 될 수 없습니다. 또 머릿속에서 자동적으로 떠오르는 부정적 생각이나 자기 존재에 대한 불만도 공부 집중을 현저히 방해합니다.

사소해 보이지만 그런 잡다한 고민들이 성적에 치명적입니다. 다행인 것은 엄마 아빠가 도와줄 수 있다는 점입니다. 전략적이고 계획적인 말로써 아이의 마음을 맑게 만드는 힘이 부모에게 있으며, 그런 화법을 이 책이 소개합니다.

그런데 아이가 고민과 고통에서 벗어나 행복해진다고 끝나는 게 아닙니다. 행복감만으로는 성적을 올릴 수 없습니다. 공부에는 기본 능력이 필요합니다. 아래 6가지의 걸림돌을 넘어서면 공부의 기본 역량을 획득할 수 있습니다.

- 흐릿한 목표 의식
- 습관적 비관주의
- 약한 의지력
- 낮은 기억력
- 우선순위를 모르는 무계획성
- 결과를 생각하지 않는 충동성

뒤집어서 뚜렷한 목표 의식, 낙관주의의 힘, 강한 의지력, 섬세한 기억력, 계획을 세우는 기술, 충동 조절 능력이 높은 성적을 가져옵니다. 그런 능력과 기술을 기르는 언어적 방법을 이 책에서 알려드리고 싶습니다.

정리하면 과제는 크게 세 가지입니다. 부모가 깨달아서 행복해지고, 자녀의 생활 고민을 해결하고, 공부의 필수 능력을 키워주면 아이의 공부 집중과 성적 향상을 이룰 수 있습니다. 문제는 그 과제들을 수행할 언어의 힘이 부모에게 있느냐 여부입니다.

책을 쓰기 위해 많은 학부모와 이야기를 나눴습니다. 원하던 대학에 진학했거나 좌절한 학생들의 사연도 널리 참고했습니다. 모두 가명으로 표기해야 했지만, 솔직한 자기 마음을 상세하게 말해 준 모든 분들께 깊이 감사드립니다.

하지만 체험담이나 개인적 깨달음만을 책에 담은 것은 아닙니다. 해외 유명 연구자들의 이론이 이 책의 기반입니다. 부모의 이상적인 화법에 대해 진지하게 연구하고 진심으로 주장하는 그들도 저희에게는 참 고마운 존재입니다.

부모의 언어가 아이의 성적을 결정합니다. 모든 아이들이 엄마 아빠와 행복하게 대화하면서 성장하고 꿈을 이루길 기원하겠습니다.

정재영·이서진

목차

2
관계 해결

선생님, 친구를 미워하지 않아야 성적이 오른다

3
집착 해소

스마트폰, 외모에 집착하는 우등생은 없다

마음이 들끓는 아이에게 공부는 고통이다

엔진 없는 아이는 끝내 표류한다

6
자기 긍정

감사와 사랑이 높은 성적의 바탕이다

7
몰입과 효율

집중력이 공부 효율과 성적을 높인다

1

부모 각성

최고의 공부 환경은 '부모'이다

부모들은 오해합니다. 흔히 학습 환경을 인테리어와 혼동합니다. 거실 TV를 치우고 벽에 책을 가득 채우면서 성적 향상을 기대합니다. 학습 환경을 '구입'할 수 있다는 생각도 흔하죠. 비싼 학원이 아이의 성적을 높일 거라고 믿는 겁니다. 물론 인테리어와 사교육도 의미 있지만, 훨씬 중요한 '공부 환경'이 따로 있습니다. 바로 부모의 마음입니다. 부모가 불행하다면 아이의 공부 효율이 떨어질 수밖에 없습니다. 특히 엄마의 마음이 학습 분위기를 결정하는 열쇠입니다. 엄마가 스트레스가 없고 기분이 좋아야 아이가 밝게 공부할 수 있습니다.

공부 지능을 떨어뜨리는 말

"그만 해라, 듣기 싫다"

아이가 성적이 낮다면, 무엇이 원인일까요? 학원에 많이 보내지 않았거나 책을 많이 읽히지 않은 것만이 원인이 아닐 수 있습니다. 부모가 언어폭력으로 아이의 뇌를 혹사시켰다면 그 또한 낮은 성적의 이유가 될 수 있습니다. 습관처럼 뱉은 공격적 단어들이 쌓여 자녀의 공부 능력을 훼손합니다.

부모의 말과 아이의 성적은 상관관계가 있습니다. 언어폭력이 학습 능력을 떨어뜨리기 때문입니다. 그 사실을 밝힌 연구가 있습니다. 미국 하버드 의대의 마틴 타이처Martin Teicher 교수가 20세 전후의 남녀를 대상으로 2006년 실시한 연구가 해외 언론에 많이 소개되어 있더군요.

어릴 때 지속적으로 심한 언어폭력을 당한 사람은 뇌부터 달랐습니다. 언어 활동과 연관된 회백질이 10% 정도 작았던 것입니다. 또 언어 능력을 측정한 시험 점수도 낮았습니다. 언어폭력 유경험자들의 평균 점수는 112점, 무경험자들은 124였습니다. 연구팀은 언어폭력 때문에 아이의 언어 능력이 충분히 자라지 못했다고 분석합니다.

언어 능력이 학습 능력의 중추입니다. 국어, 영어는 말할 것도 없고, 수학도 과학도 모두 말로 이루어져 있습니다. 언어 능력이 떨어진다는 것은 공부에 불리하다는 뜻입니다. 그런데 그런 불리한 조건을 만드는 것이 바로 부모의 말입니다. 말로 상처 주는 부모가 아이의 성적을 떨어뜨리는 것입니다.

미국의 신경 과학자 앤드류 뉴버그Andrew Newberg가 쓴 책을 봐도 비슷한 결론입니다. 그에 따르면, "No"라는 단어를 보기만 해도 스트레스 관련 호르몬과 신경전달물질 10여 가지가 뇌에서 분비되어 논리, 추론, 의사소통 등을 담당하는 뇌 부위의 활동을 방해한다고 합니다.•

"안 돼!"라는 단어를 속으로 천천히 읽어 보세요. "그만해!" "넌 도대체 왜 그래?"도 한 글자 한 글자 눈에 담아 보세요. 머리가 멈추는 게 느껴지지 않나요? 결국 부정적인 말에 많이 노출된 아이는 공부를 잘하기 어려울 수 있습니다. 언어 능력뿐 아니라 추론과 논리의 힘도 약해질 수밖에 없습니다.

가령 아이가 식탁에서 숟가락을 가지고 장난을 치며 재잘거리고

• 앤드류 뉴버그가 그의 저서 『Words Can Change Your Brain』 2장에서 한 이야기입니다.

있습니다. 이럴 때 아빠는 근엄한 표정으로 외칩니다.

"듣기 싫다. 그만해. 조용히 밥 먹어!"

겁에 질린 아이는 말을 당장 멈추겠죠. 그런데 보이지 않는 변화도 있습니다. 아이는 말뿐만 아니라 생각도 멈추게 됩니다. 통제도 필요하겠지만 습관화된 야단은 해롭습니다. 보통 식탁 앞에서 소리 높이는 부모는 거실에서, 아이 방에서, 차 안에서도 야단부터 칩니다. 그럴 때 아이는 정서적인 상처만 받는 게 아닙니다. 앞에서 봤듯이 거친 금지는 아이의 뇌 활동까지 위축시킵니다. 매사에 고함치는 엄마 아빠는 자신의 폭력적인 말이 아이의 논리와 언어 능력을 저해한다는 걸 까맣게 모릅니다.

때가 지나고 나서 후회해 봐야 아무 소용없습니다. 아이의 성적 향상을 위해서라도 언어폭력을 멈춰야 합니다. 그런데 언어폭력이 언어폭력인 줄 모르는 게 문제입니다. 언어폭력이 뭔가요? 그걸 아는 게 필수겠지요.

저희가 국내·외 육아 관련 자료를 찾아서 정리해 봤습니다. 언어폭력의 종류가 11가지나 되더군요. 이렇게 다양한 방법으로 아이에게 상처를 줄 수 있다는 걸, 저희 부부는 양육하면서는 몰랐습니다. 주변 엄마들에게 이야기했더니 다들 놀랐습니다. 그런 말을 내뱉는 부모 자신도 인식하기 어려운, 언어폭력의 종류는 다음과 같습니다.

(1) 목소리 톤과 크기 이용하기

보통의 엄마도 쓸 법한 기초 단계의 언어폭력입니다. 소리를 크게 지르거나 위협적인 톤으로 말하는 겁니다. 단어 간격을 조절하기도 하죠. "너는… 아주… 나쁘다"라는 식으로 끊어 말해서 긴장감을 일으키는 것입니다.

(2) 위협적인 단어 사용하기

"그러면 큰일이야" "정말 끝이야"처럼 충격적 단어를 씁니다. 또 "장난감을 모두 갖다 버릴 거야" "경찰 아저씨가 와서 잡아 간다"라고도 말하죠. 아이가 상상할 수 있는 가장 나쁜 상황을 예고하는 말입니다. 많은 부모들은 그렇게 위협적이고 충격적인 말을 해서 아이의 마음을 억누릅니다. 그런 말은 방금 돋아난 새싹 위에 얹은 돌멩이 같은 것입니다. 아이는 숨이 막힐 것입니다.

(3) 인신공격

주제는 제쳐두고 상대의 인격을 비난하는 것이 인신공격입니다. 집에서도 많이 쓰이는 감정적 학대의 방법이죠. 아이가 실수했다면 개별 실수에 대해서만 말하면 되는데, 많은 부모는 아이의 인성과 태도가 문제의 원인이라고 비난합니다. 가령 "너는 평소 태도가 문제야"라는 식으로 말하는 것입니다. 아이 본인에게 근본적 문제가 있다는 인식을 아이에게 심어줍니다.

(4) 아이의 가치 부정하기

"너는 능력이 없다"거나 "너는 쓸모없는 인간이다"라고 공격하면 아이는 자신의 가치를 스스로 부정하게 됩니다. 같은 효과를 내는 간접적인 표현도 많습니다. 가령 "또 그랬어?" "이럴 줄 알았다" "기대도 안 했다"가 대표적인 예입니다. 지속적으로 그런 말을 듣고 자란 아이는 스스로를 비웃으며 고통스럽게 지낼 것입니다.

(5) 사과 거부하기

아이가 올바르게 항변해도 부모는 자신의 잘못을 좀처럼 인정하기 어렵습니다. 오히려 아이의 논리가 틀렸다거나 버릇없다며 반격하죠. 아이는 높은 담벼락을 상대로 대화하는 기분을 갖게 됩니다. 사과를 거부하는 부모 때문에 아이는 좌절과 단절을 경험합니다.

(6) 아이의 성과 무시하기

의미 있는 일을 했거나 학교 성적을 올렸어도 부모가 칭찬해 주지 않고 하찮게 여기면 아이는 절망합니다. 물론 부모의 의도는 선합니다. 아이의 성과를 무시하는 게 아니라 분발을 독려하는 것일 수도 있습니다. '여기서 만족하지 말고 더 많이 노력하라'는 뜻인 것입니다. 하지만 선의가 있더라도 노력과 성과를 무시당한 아이가 깊은 상처를 입는 건 피할 수 없습니다.

(7) 과잉 압력

아이에게 능력 이상의 목표를 설정해서 압박하는 부모가 많습니다. 또 어떤 부모는 아이가 무서워하는 일을 억지로 시키면서 그게 좋은 훈육 방법이라고 믿습니다. 아닙니다. 사랑이 아니라 감정적 학대입니다. 무리한 목표를 향하라는 부모의 압력은 아픈 채찍질일 뿐입니다.

(8) 겁쟁이로 만들기

"세상에는 무서운 일이 자주 일어나니까 조심하라"고 하루 종일 겁주는 엄마들이 있습니다. 위험한 사람도 많고 위험한 음식, 불행한 사고도 흔하다고 말합니다. 사랑의 표현이기도 하지만 아이를 겁쟁이로 만들어 편하게 통제하려는 욕심도 배후에 숨어 있습니다. 이렇게 하면 아이의 마음에 공포가 자랍니다. 아이는 세상과 삶을 두려워하는 겁쟁이가 될 수 있습니다.

(9) 분노 표현하기

분노는 강하고 뜨겁게 치솟는 감정입니다. 격한 단어로 분노를 표현하는 부모 앞에서 아이는 당연히 얼어붙어서 침묵하고 순종하게 됩니다. 그런데 분노는 복제됩니다. 아이의 가슴 속에 똑같은 분노가 자라납니다. 늙고 난 후 부모는 젊었던 자신과 똑같은 말을 쏟아내며 분노하는 자녀를 보게 될 수도 있습니다.

(10) 감시와 참견

어떤 부모는 아이의 프라이버시를 존중하지 않습니다. 감시하는 게 부모의 권리라고 착각하는 것이죠. 아이가 규칙을 어기지 않았는지, 지시는 잘 지켰는지 계속 살펴봅니다. 일기장을 훔쳐보기도 하고요. 아이는 감시 속에 사는 고통을 느낄 겁니다. 독립된 자유인이 아니라 죄수로 사는 기분일 겁니다. 도를 넘는 감시와 참견은 학대가 될 수 있습니다.

(11) 권위 내세우기

아이와 논쟁을 벌이다가 궁지에 몰린 부모는 흔히 이렇게 말합니다. "어디 엄마한테 버릇없이 굴어?" 부모의 권위를 앞세워서 아이를 이기려고 하는 것입니다. 또 "엄마가 그거 하지 말랬지"라면서 아이 행동의 자유를 막기도 합니다. 논리적으로 설명하지 않고, 권위로 억압하는 언어들입니다.

마음을 멍들게 하는 언어폭력은 큰 해악을 끼칩니다. 아이의 정서를 망가뜨릴 뿐 아니라 앞에서 이야기했듯이 지적인 능력도 훼손할 수 있습니다. 그런데 위의 11가지 언어폭력의 보이지 않는 씨앗이 상당히 많은 가정의 공기 중에 떠다니고 있습니다. 환경이 갖춰지면 독을 품은 버섯이나 아이를 옥죄는 억센 넝쿨로 자랄 수도 있는데, 그걸 결정하는 것은 부모의 무의식과 언어 습관입니다.

언어폭력을 쓰지 않으려면 차분히 설명해야 합니다. 이해시키고 설득해서 아이를 바로 잡을 수 있다면 그보다 좋은 교육법이 없을 것입니다. 부모가 설명 능력을 갖추면 공격적인 언어를 쓸 필요가 없습니다. 뒤집어 말해서 폭력적인 언어를 쓰는 부모는 심성이 악해서가 아니라 대부분 설명 능력이 부족해서 그런 경우가 많습니다. 설명에 유능한 엄마 아빠가 착한 부모가 됩니다.

연령별 설명의 기술

그러면 설명이란 어떻게 해야 하는 걸까요. 기억하면 좋은 설명의 기술이 있습니다. 아이의 연령에 따라 설명 방법도 달라지고, 설명해야 할 내용도 여럿입니다. 미국의 아동심리 전문가 로라 버크Laura E. Berk 교수의 정리가 분명해서 유익합니다.•

그에 따르면 만 2~3세의 아이에게는 직접적인 결과를 설명하는 게 좋습니다.

가령 "친구를 밀면 친구가 넘어져서 운다"라고 설명하는 것입니다. "장난감을 던지면 깨져서 더 갖고 놀 수 없다"고 해도 되겠죠. 행동의 직접적 결과를 이해하는 아이는 문제 행동을 줄이게 될 것입니다.

• 로라 버크는 미국 일리노이 주립 대학교의 심리학과 교수이며, 저서 『Awakening Children's Minds』의 7장에 설명 기법을 정리해 놓았습니다.

자녀가 4세 이상이 되면 좀 더 복잡한 설명이 가능합니다. 세 가지를 설명해 주면 됩니다.

첫 번째는 의도입니다. "친구에게 소리치지 마. 너를 놀리는 게 아니라 도와주려는 거야"라고 말할 수 있습니다. 아이를 불편하게 했지만 상대의 의도가 선한 것이라고 이해시키는 것입니다. 또 다른 예로 "미안해. 엄마도 너를 기쁘게 하고 싶은데 너무 바쁘구나"도 괜찮습니다. 행동의 결과와 의도가 다를 수 있다는 걸 이해하는 아이는 원망 등의 감정을 극복하고 자신을 통제할 수 있게 됩니다.

의도 다음으로 설명할 것은 감정입니다. 예를 들어 "네가 밀어버리면 친구는 무섭고 슬퍼하게 된다"라고 말하는 것입니다. 아이가 상대의 감정을 상상하도록 가르치는 것입니다. "너의 그런 행동이 친구를 기쁘게 했다"도 감정 설명의 좋은 예가 됩니다. 남의 감정을 이해하는 공감 능력을 배운 아이는 자신의 언어와 행동을 알맞게 조절할 수 있습니다.

세 번째로 아이에게 올바름을 설명할 수 있습니다. 예를 들어서 "장난감을 갖고 놀 때는 순서를 지켜야 한다"라고 바른 규칙을 알려주는 것입니다. 반대로 옳지 않다고 설명하는 것도 가능합니다. "남에게 피해를 입히는 것은 잘못이다"라고 말하면 되는 것입니다. 옳고 그름에 대해서 설명하면 아이는 윤리적 기준도 갖게 됩니다.

부모는 설명을 통해 의도, 감정, 올바름에 대해서 가르칠 수 있습니다. 이런 교육은 정서만이 아니라 지적으로 아이에게 큰 도움이 됩니다.

앞서 언어적 폭력은 아이의 지적 능력을 훼손한다고 말씀드렸습니다. "안 돼!"라거나 "너 혼난다!"라고 부모가 자주 소리치면 아이의 지적 발달을 저해한다는 것이었습니다.

그런데 설명하면 다릅니다. 설명은 아이가 뇌를 쓰게 만들어서 훨씬 유익합니다. 벌을 받거나 비난을 들어서 겁에 질린 아이는 뇌가 얼어붙지만, 이유에 대해 설명을 듣는 아이의 뇌는 합리적인 판단을 위해 작동합니다. 차분히 설명해 주면 아이의 바른 행동은 물론이고 지적 성장까지 기대할 수 있을 것입니다.

게다가 논리적 설명은 부모와 아이의 애착 관계를 보호합니다. 언어폭력의 습관을 시급히 버리고 따뜻한 설명을 훈육 방법으로 채택해야 하는 이유입니다.

아이와의 시간은 쏜살같이 빠르게 지나갑니다. 엄마 아빠에게는 기회가 생각처럼 많지 않습니다.

공부 지능을 높여주는 말

"엄마 아빠는 널 믿는다"

부모에게는 여러 가지 초능력이 있습니다. 그중 하나는 신뢰의 초능력입니다. 부모가 자녀의 발전 가능성을 신뢰하면 아이의 지능이 대폭 높아집니다.

내 아이가 머지않아 머리가 좋아지고 공부도 잘하게 될 거라고 진심으로 믿으십시오. 그러면 아이의 지적 능력이 정말로 급성장하게 될 것입니다.

교사와 학생을 속인 심리학자

허무맹랑한 이야기로 들릴 수도 있겠지만 과학적 연구를 통해 확인된 이론입니다. 때는 1960년대였고 장소는 미국 캘리포니아의 한 초등학교였습니다. 하버드 대학의 심리학자 로버트 로젠탈Robert Rosenthal이 학교에 협조 요청을 했습니다. 학생들을 대상으로 신종 지능 검사를 하겠다는 것이었습니다. 테스트의 이름은 '하버드 변형 습득 테스트'였는데, 이 검사를 받고 나면 학생들의 미래 가능성을 알 수 있다고 했습니다. 즉 얼마나 공부를 잘하게 될지 측정할 수 있다는 것이었죠.

미래의 지적 능력을 예측한다고 했으니 얼마나 신기했을까요. 학교 측은 테스트에 동의했고 학생들은 검사를 받게 됩니다. 그런데 사실 거짓말이었습니다. '하버드 변형 습득 테스트' 같은 건 없었습니다. 학생들이 본 테스트는 평범한 IQ 테스트에 불과했습니다. 심리학자가 교사와 학생을 속인 셈입니다.

테스트가 끝난 후 두 번째 사기가 진행됩니다. 심리학자가 교사에게 학생 명단을 내놓으며, 그 학생들의 학업 능력이 8개월 후에 크게 향상될 것이라고 호언장담했습니다. 교사가 건네받은 것은 미래의 우등생 리스트였던 셈입니다.

그런데 그 리스트는 사실 무작위로 뽑은 것일 뿐이었습니다. 미래의 가능성이 선정 기준이었던 것도 아니고, IQ가 높은 그룹에서 선택한 것도 아니었습니다. 전체 학생 중 20%를 아무렇게나 뽑은 명단을 교사에게 전달했던 것입니다.

8개월 후 심리학자는 다시 학교에 찾아와 학생들을 대상으로 IQ 테스트를 실시했습니다. 그리고 기념비적인 연구 결과를 얻어냅니다. 다른 학생들과 비교해 보니, 미래의 우등생으로 점 찍힌 20%의 학생들의 IQ가 정말로 높아진 것입니다. 특히 저학년의 IQ 향상 폭이 더 컸습니다. 1학년 아이들은 IQ가 무려 27 정도 높아졌습니다.•

앞서 말했듯이 명단 상의 20% 학생들은 전혀 특별하지 않았습니다. 아무렇게나 무작위로 선정된 아이들입니다. 그러니 놀라운 일입니다. 명단에 이름이 올랐다는 이유만으로 평범한 20%의 학생은 IQ가 급상승했습니다. 신기한 마술 같습니다. 어떤 비밀이 있었을까요. 심리학자는 교사의 믿음 때문이라고 분석했습니다. 어떤 학생이 곧 지적인 잠재력을 꽃피울 것이라고 교사가 믿었기 때문에 학생의 지적 성장이 실제로 이루어졌다는 것입니다.

교사의 믿음은 태도 변화로 이어졌습니다. 미래의 우등생으로 꼽힌 아이를 대하는 교사의 태도가 달라졌던 것입니다. 교사는 그 '특별한 학생'에게 질문에 답할 시간을 더 주었고, 피드백을 구체적으로 했으며, 더 많이 동의해 줬다고 합니다. 또 고개를 끄덕이거나 미소를 짓는 일도 더 많아졌다고 합니다. 그런 우호적인 반응이 학생의 지능을 정말로 높였다는 것이 심리학자의 분석입니다.

연구 결과의 타당성에 대한 논란이 없지 않지만, 위 연구는 심리학에서 기념비적 성과로 남게 되었습니다. 연구 결과는 큰 희망을 줍니다. 내 아이의 지적 능력이 향상될 거라고 믿고 기대하면 그 꿈이 이루어질 가능성이 높다는 이야기입니다. 실험 속의 교사처럼 더

• 미국 과학잡지 「Discovery」의 2015년 기사 "Being Honest About The Pygmalion Effect"에 나옵니다.

많은 시간을 주고 더 적극적으로 호응하고 더 많이 웃어주며 기다리면, 아이의 지적 능력이 실제로 크게 성장할 수 있습니다.

믿기만 하면 됩니다. 내 아이의 지적 잠재력이 곧 폭발할 것이고 정말로 공부 잘하는 아이가 될 거라고 믿어 의심치 마십시오. 그런 믿음을 갖고 있으면 부모의 태도가 바뀌고 그런 태도 변화는 아이에게 영향을 끼쳐 놀라운 성장을 이뤄낼 수 있습니다. 아이의 공부 능력을 높이는 건 엄마 아빠의 진심 어린 신뢰입니다.

신뢰의 말, 불신의 말

아이의 밝은 미래에 대한 순도 100%의 믿음은 언어로 표현되어야 좋습니다. 누구나 아는 쉽고 간단한 말이 많습니다.

"너는 더 똑똑해질 거야. 너의 반짝이는 눈을 보면 알 수 있어."

"너에게는 숨은 잠재력이 굉장히 많다. 엄마 아빠가 보증해."

아이가 1등이건 100등이건 진심 어린 긍정의 말을 하고, 그에 걸맞게 대해주고, 할 수 있는 최선의 지원을 다해야 합니다. 아이의 성공 가능성에 대해 한 점 의심하지 말고 말입니다.

반대로 나쁜 말도 있습니다. 현재의 부모 세대도 어릴 때 많이 들었던 말들입니다.

"쯧쯧, 너는 싹수가 노랗다."
"그렇게 해서는 넌 절대로 성공 못 한다. 하늘이 두 쪽 나도."

모두 불신의 마음을 표현하는 독한 말들입니다. 아이의 성적을 떨어뜨리고 자존감을 추락시키며 지적 성장의 잠재력을 훼손할 게 분명합니다. 실망감을 여과 없이 드러내는 말도 아이에게 해롭기는 마찬가지입니다.

"아휴. 답답해."
"아직도 그걸 몰라?"

어떤 말을 많이 하시나요? 아이의 가능성을 진심으로 믿지 못한다면 겁이 나서입니다. 모든 신뢰에는 낙관이 필요합니다. 내 아이가 분명 유능해지고 행복해질 거라고 낙관하는 부모가 아이의 태도를 바꾸고 삶을 변화시킵니다.

최고의 '공부 환경'을 주고 싶다면

"엄마가 먼저 행복해질게"

스트레스는 극심한 정신적 압박 상태라고 정의할 수 있습니다. 비유하면 무거운 쇳덩이에 짓눌리는 느낌이나 밧줄에 꽁꽁 묶인 답답한 기분이 스트레스입니다.

스트레스가 심하면 아이의 성적도 문제를 일으킬 확률이 커집니다. 강하고 지속적인 스트레스는 공부 능력을 녹슬게 하기 때문이죠. 뇌 전문 저술가로 유명한 작가 존 메디나John Medina에 따르면, 계속되는 스트레스는 지적 능력에 두 가지 문제를 일으킵니다.*

(1) 스트레스 호르몬은 해마의 기능을 저해한다. 해마는 기억과 학

* 존 메디나의 저서 『Brain Rules』의 8장에 나오는 내용입니다.

습에 가장 중요한 뇌 부위다. 해마 내 세포를 약화시키고 새로운 뉴런의 발생을 막는 것이 바로 스트레스 호르몬이다.

(2) 장기간의 스트레스는 사람을 우울증에 빠뜨린다. 우울증 상태에서는 사고 과정을 제어하기 어렵다. 기억, 언어, 양적 추론, 유동 지능, 공간 지각에 대한 통제력이 약해진다.

스트레스가 심하면 기억력, 학습 능력, 논리력, 지각 능력 등이 추락한다는 이야기입니다. 공부가 잘 될 수 없고 성적 향상이 어려워지는 것입니다.

그런데 아이들은 어디서 스트레스를 받을까요? 물론 친구 관계와 학업 부담 등이 아이를 괴롭히지만, 더 중요하고 근본적인 게 있습니다. 바로 엄마 문제입니다. 엄마의 스트레스가 아이에게 직접 전달됩니다. 엄마가 느끼는 스트레스는 어린 아이로서는 피할 수 없는 고통입니다. 엄마 뱃속에 있을 때부터 그렇습니다.

스트레스가 아이의 지적 능력을 훼손한다

해외의 많은 연구가 밝혔듯이, 임신부가 스트레스를 받으면 태아도 스트레스에 노출됩니다. 엄마의 스트레스는 아이의 지능을 떨어뜨릴 수 있습니다. 미국 로체스터 대학의 심리학자가 그런 주제의

논문을 발표해 주목을 받았습니다.[•]

연구팀은 125명 임신부의 양수에서 코티솔 수치를 측정했습니다. 코티솔은 스트레스 수준을 보여주는 호르몬입니다. 연구팀은 스트레스가 심한 임신 여성의 아이가 태어나 생후 27개월이 되자 관찰 연구를 시작했는데, 우려할 만한 사실을 확인하게 됩니다. 임신 중 스트레스가 심했던 여성의 아이는 대체적으로 지적 능력이 낮았던 것입니다. 언어 능력이 부족했고 집중력이 약했으며 문제 해결 능력도 현저하게 부족했습니다. 스트레스가 태아의 지적 능력 발달을 저해한다는 결론이 가능한 것입니다.

그런데 아이가 좀 크고 나면 엄마의 스트레스로부터 자유로워질까요? 그렇지 않습니다. 커서도 엄마의 스트레스가 아이에게 직접 전달됩니다. 미국 워싱턴 주립 대학의 연구팀이 만 11세 이하의 어린이들과 부모 107명을 모아놓고 실험을 진행했습니다.[••]

연구팀은 모인 사람들이 스트레스를 겪게 만들었는데, 연구에서 확인된 놀라운 사실은 아이가 엄마의 스트레스를 정확히 간파한다는 것입니다. 스트레스를 느낀 엄마가 아닌 척 연기를 하는데도 아이는 엄마가 스트레스 상태인 것을 감지했습니다. 나아가 아이 자신도 엄마처럼 스트레스를 받기 시작했습니다. 엄마의 스트레스를 아

• 토머스 오코너(Thomas O'Connor) 교수 등이 2007년 11월 학술지 「Child & Adolescent Psychiatry」에 관련 논문을 발표했습니다.

•• 사라 워터스(Sara Waters) 교수 등 연구팀은 2020년 연구 논문을 학술지 「Journal of Family Psychology」에 발표했습니다.

이가 그대로 복사한 것입니다.

흥미로운 것은 아빠의 스트레스는 아이에게 크게 전달되지 않았다는 점입니다. 아빠가 서운해도 어쩔 수 없습니다. 아이가 아빠보다는 엄마에게 더 높은 일체감을 느끼기 때문일 것입니다.

아이가 엄마 뱃속에 있거나 아니면 만 11세이거나 마찬가지입니다. 엄마의 스트레스가 아이에게 직접 전달되는 것입니다. 여기서 결론도 분명해집니다. 엄마의 스트레스를 줄여야 아이의 스트레스가 낮아지고, 행복감과 지적 능력은 높아진다는 것입니다.

남편이 할 일이 있습니다. 아내와의 갈등을 유발하지 않게 애를 써줘야 합니다. 수많은 의무 사항 중에서 딱 하나만 고른다면 아내와 싸우지 않는 게 가장 중요합니다.

아이들 앞에서 부부 싸움을 한 적이 있나요? 저희 부부는 여러 번 그랬습니다. 때로는 목소리를 높여서, 때로는 아이가 들을까 봐 이를 악물고 조용히 공격하며 싸웠습니다. 아이가 잠들기를 기다렸다가 다툼을 재개한 적도 있습니다. 그런데 몇 미터 떨어진 옆방에서 잠을 자던 아이는 몰랐을까요. 저희 부부는 어린 시절 비슷한 경험을 기억합니다. 부모님이 싸우는 동안 자는 척했던 경험이 있습니다. 저희 아이도 부모의 다툼 소리를 듣고 있었을지 모릅니다. 어쩌면 눈물을 흘렸거나 그만 싸우게 해달라고 간절히 기도를 했을 겁니다.

아이에게 극심한 스트레스를 주고 지적 능력도 떨어뜨리는 부부 싸움의 흔한 멘트가 있습니다.

"당신이란 사람을 도무지 이해할 수가 없다."
"왜 내가 당신하고 결혼했는지 모르겠어."
"그래. 나도 결혼을 후회한다. 다 집어치우자."

부부가 서로를 향해 쏘아대는 말이지만 아이가 가장 큰 충격을 받을 겁니다. 가정이 깨진다는 상상만 해도 아이는 공포에 떨게 될 겁니다. 그런 공포가 몸에 배이면 공부나 논리적 사고에 에너지를 쏟을 수 없는 게 당연합니다.

부부싸움만 하지 않아도 아주 괜찮은 부모입니다. 서로 미워하는 부모의 모습은 아이에게 못 견딜 고통이니까요. 위에서 인용한 작가 존 메디나는 싸우는 부모를 목격한 아이의 신체 및 심리적 반응을 이렇게 묘사합니다.•

"아이들은 양쪽 귀를 손으로 덮게 된다. 아니면 주먹을 쥐고 서서 꼼짝도 못 한다. 울거나 얼굴을 찌푸릴 것이다. 또 부모에게 멈추라고 간청할 것이다. 여러 연구들이 밝힌 바에 따르면, 생후 6개월 아이를 포함해서 어린이는 어른의 다툼에 생리적으로 반응한다. 심장 박동이 빨라지고 혈압이 높아지는 것이다. 또 부모의 지속적인 다툼을 목격한 모든 연령의 어린이는 소변에 스트레스 호르몬이 더 많았다. 그런 아이들은 뭔가에 집중하거나 감정을 조절하는 데 어

• 존 메디나가 쓴 『Brain Rules』 183쪽의 일부를 번역합니다.

려움을 느낀다."

얼마나 무서울까요? 엄마 아빠가 격하게 다투면 세상이 끝나는 기분일 겁니다. 심장이 뛰고 머릿속이 하얘지는 게 당연합니다. 또 부모가 자주 싸우는 아이는 더 큰 문제를 겪습니다. 감정 조절 능력을 잃는 겁니다. 또 집중력도 약해집니다. 부부 싸움이 아이의 정서와 지성을 심각하게 손상시킵니다.

혹시 옆집 아이보다 우리 아이의 성적이 낮나요? 그렇다면 우리 부부가 서로 미워하기 때문일지도 모릅니다. 부부 싸움은 자녀의 시험 성적을 깎아내리는 학습 테러 행위인 것입니다. 서로 사랑하는 부부의 자녀가 스트레스를 적게 받습니다.

남편에게는 의무가 생깁니다. 아내와의 감정적 대립을 줄여야 하는 것입니다. 남편의 스트레스는 영향이 덜하지만, 아내의 높은 스트레스는 아이에게 그대로 복사되니까 큰 문제입니다. 아내와 아이를 위해 남편이 착해져야 합니다. 전사가 아니라 천사가 될 때 남자가 가족을 보호할 수 있습니다.

행복한 엄마가 최고의 공부 환경이다

엄마의 의무도 있습니다. 먼저 좋은 학습 환경의 조건이 무엇인지 돌아봐야 합니다.

부모들은 오해합니다. 흔히 학습 환경을 인테리어와 혼동합니다. 거실 TV를 치우고 벽에 책을 가득 채우면서 성적 향상을 기대합니다. 학습 환경을 '구입'할 수 있다는 생각도 흔하죠. 비싼 학원이 아이의 성적을 높일 거라고 믿는 겁니다.

물론 인테리어와 사교육도 의미 있지만, 훨씬 중요한 '공부 환경'이 따로 있습니다. 바로 부모의 마음입니다. 부모가 불행하다면 아이의 공부 효율이 떨어질 수밖에 없습니다. 특히 엄마의 마음이 학습 분위기를 결정하는 열쇠입니다. 엄마가 스트레스가 없고 기분이 좋아야 아이가 밝게 공부할 수 있습니다.

그러니 어쩔 수 없습니다. 엄마들은 스트레스를 받았다면 적극적으로 풀어야 합니다. 친구들과 자주 만나고 대화해야 하고, 자신을 잘 보살펴야 합니다. 엄마 자신을 위해서가 아닙니다. 엄마가 굳이 나들이 가서 스트레스를 푸는 것은 불가피한 선택인 것입니다. 아이의 지적 능력을 키워주고 미래의 학업 성적을 높이기 위해서는 엄마의 스트레스를 말끔히 해소해야 하는 것입니다. 행복이 엄마의 의무입니다.

스트레스 없는 엄마가 아이 지능을 높인다

앞에서 태아의 스트레스에 대해서 이야기했습니다. 임신 기간 중 엄마의 스트레스가 아이에게도 전달되고 그 결과 아이의 언어 능력,

책이 가득한 거실뿐만 아니라
부모의 마음과 태도도
중요한 '공부 환경'인 것입니다.

집중력, 문제 해결 능력이 낮아진다는 내용이었습니다. 그런데 아직 이야기의 끝이 아닙니다. 후반전이 남아 있습니다.

연구팀은 놀라운 사실을 하나 더 알아냈습니다. 스트레스 호르몬에 많이 노출된 태아 중 다수는 지적 능력이 낮았지만 일부는 아무런 문제가 없었습니다. 집중력도 좋고 언어 능력도 좋았으며 문제를 해결하는 능력도 보통의 아이와 다르지 않았던 것입니다.

그런 아이들에게는 뚜렷한 공통점이 있었습니다. 엄마가 아이를 따뜻하고 세심하게 보살핀다는 점이었습니다. 출산 후 스트레스나 불안 등에서 벗어난 엄마가 사랑으로 보살피자 아이의 지적 능력이 되살아났던 것입니다.

다시 정리를 해보겠습니다. 엄마가 스트레스를 느끼면 뱃속 태아도 스트레스를 받고 지적 성장이 저해됩니다. 그런데 출산 후 엄마가 스트레스에서 벗어나 따뜻하게 양육하면 상황이 달라집니다. 아이의 지적 능력이 다시 상승하는 것입니다. 기분 좋고 행복한 마음으로 보살피는 엄마가 아이의 지능을 높입니다.

지금 엄마가 아이와 즐겁게 놀며 교감하고 있나요? 그렇다면 아이의 지능을 높이고 있는 셈입니다. 반대로 스트레스를 크게 받아 아이를 세심히 보살필 수 없는 상황인가요? 그렇다면 아이의 지적 발달이 저해될 가능성이 있습니다. 엄마가 아이에게 사랑과 관심을 쏟을 여건이 마련되어야 합니다. 아이가 공부를 잘하길 바란다면 엄마가 먼저 행복해져야 합니다.

얼마나 행복한지 체크할 수 있습니다. 엄마가 이런 말을 마지막으로 한 게 언제인가요?

"엄마는 오늘 기분이 좋다."
"엄마는 요 며칠 행복해."
"힘든 일도 있지만 엄마는 인생을 사랑한다."

엄마가 슬픈 표정이면 아이가 기쁘게 지낼 수 없고 공부에 집중하는 것도 어렵습니다. 아이를 위해서라도 엄마가 행복한 말을 많이 해야 합니다.

비난하기 전에 되새길 질문

"나라면 어떤 말을 듣고 싶을까?"

자녀가 공부를 잘하길 원하는 부모는 책을 사주기 전에 사랑을 먼저 줘야 합니다. 사랑받지 못한 아이는 꿈을 꾸지 않고 자아실현을 원하지도 않습니다. 아이가 꿈이 없고 무기력하다면 받은 사랑이 부족해서일지 모릅니다.

사랑받지 않으면 공부할 수 없다

그 유명한 '매슬로의 인간 욕구 위계'를 시각화한 다음의 피라미드 그림을 보면 쉽게 납득할 수 있을 것입니다. 미국 심리학자 에이브러햄 매슬로Abraham Maslow는 인간의 욕구가 5단계로 구성되며, 인간은 이전 단계의 욕구가 충족되어야 다음 단계를 원하게 된다고 설명합니다. 가령 1단계가 충족되어야 2단계를 원하고, 2단계 충족 후에 3단계를 욕구하게 된다는 것입니다.

<매슬로의 인간 욕구 5단계>

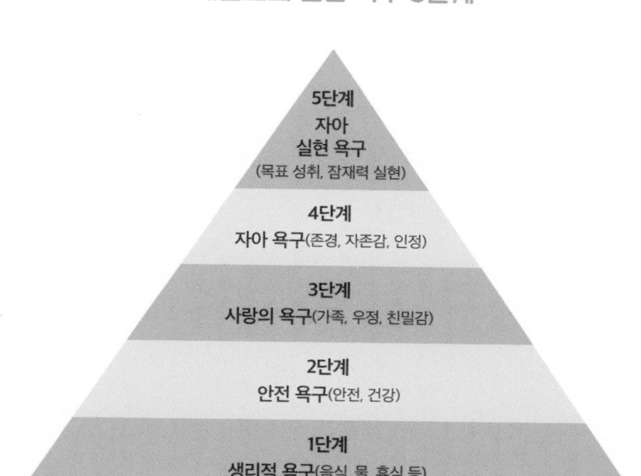

인간 욕구의 1단계는 생리적 욕구입니다. 먹고 쉬고 잠자고 싶은 기본적 욕구를 말합니다. 그 욕구가 채워진 후에는 안전 욕구가 생깁니다. 안전한 환경과 건강을 찾게 되는 것입니다. 안전이 확보된 후에는 3단계로 사랑을 원하게 됩니다. 가족이나 친구로부터 사랑을 듬뿍 받고 싶은 것이죠.

그다음 4단계로 높은 자존감을 원하게 됩니다. 마지막 5단계에는 자아실현의 욕구가 있습니다. 목표를 이루고 잠재력을 실현시키려는 욕구가 생기는 것입니다.

아이가 태어나도 똑같은 단계를 밟게 됩니다. 부모는 갓난아기에게 먹을 것을 주고, 안전하게 보호하면서 사랑을 쏟습니다. 그렇게 욕구의 3단계까지 채워지면 아이는 더 고차원적인 욕구를 갖게 됩니다. 타인의 인정을 바라고 자존감의 고양을 지향하게 되는 것입니다. 그리고 마지막으로는 자신의 목표를 성취하고 싶어집니다.

만일 아이에게 사랑을 주지 않으면 어떻게 될까요? 사랑받지 못한 아이는 자신을 소중하게 생각할 수 없습니다. 자존감이 낮은 것입니다. 자존감이 낮으면 목표 성취도 원치 않게 됩니다. 형편없는 자신을 위해 애쓰고 노력할 이유가 없는 것입니다. 사랑받지 못한 아이가 높은 자존감이나 목표를 품는 것은 불가능에 가깝습니다.

공부로 폭을 좁혀도 마찬가지입니다. 사랑받지 않고는 공부를 열심히 하기 어렵습니다. 미움만 받는 아이가 공부에 몰두하는 경우는 드뭅니다. 핀잔을 듣고 의심을 받으면서 자란 아이 또한 공부를 좋아하기 어렵습니다. 공부를 잘하려면 과외보다는 사랑받은 경험이 더 필요한 것입니다.

무엇보다 부모의 성찰이 긴요합니다. 사랑도 제대로 주지 않고 100점을 받으라고 압박하는 부모는 불합리한 것입니다. 씨앗에 물을 주지도 않고 어서 꽃을 피우라고 호통치는 격입니다. 아이를 비난하며 자존감을 훼손해 놓고는 공부 몰입을 요구하는 부모도 어리석기 짝이 없습니다. 자신이 화초를 다 밟아 놓은 줄도 모르는 것입니다.

뒤집어 말해서 사랑의 힘은 대단합니다. 지속적으로 사랑해 주면 아이는 자신의 목표를 세우고 성취할 동기를 얻게 됩니다. 가령 15살 된 아이가 목표 의식이 뚜렷하다면 그 나이까지 부모가 사랑을 듬뿍 줘서 자존감과 목표 의식의 토양을 마련해 준 덕분일지 모릅니다. 하루아침에 되지 않습니다. 오래 지속된 사랑이 아이의 고차원적인 욕구를 불러일으킵니다.

당연히 말투 내지 언어 습관도 중요하겠죠. 부모의 사랑과 신뢰를 확신하게 만드는 말을 해줘야 합니다. 그 말속에는 고마운 응원이 숨어 있습니다. 등식으로 표현해 보겠습니다.

"엄마는 너를 사랑한다." = "너는 사랑받을 자격이 있다. 똑똑하고 공부도 잘하는 게 당연하다."

"아빠는 진심으로 너를 믿는다." = "너는 신뢰 받는 사람이다. 더 자신감 있게 밀어붙이면 된다."

사랑받은 아이가 사랑스러운 자신을 위해 노력할 것입니다. 신뢰를 듬뿍 받는 아이가 흔들리지 않습니다. 반대로 부모가 "네가 밉다"거나 "널 믿지 않는다"고 냉대하는데도 공부에 몰두할 아이는 세상의 거의 없습니다. 사랑해 주지 않으면 아이가 무능해집니다. 아이를 구박하면서 높은 성적을 바라는 건 부모의 자기 모순인 것입니다.

흔한 말이지만 사랑의 힘은 위대합니다. 사랑의 말이 아이의 자존감을 높이고 목표 의식을 고취하며 성적을 높이니까요.

뇌 구조까지 바꾸는 사랑의 힘

과학도 사랑의 힘이 위대하다는 걸 입증합니다. 사랑이 뇌의 구조까지 바꿔서 높은 학습 능력의 조건을 만들어냅니다. 2012년 미국 워싱턴 대학 의대 연구팀이 밝혀낸 사실입니다.*

연구팀이 3~10세 어린이 90여 명의 뇌를 촬영해서 분석해 보니, 부모의 따뜻한 보살핌을 받은 아이의 경우 뇌 속 해마가 더 큰 것으로 확인되었습니다. 해마는 기억력을 관장하는 뇌 부위입니다. 해마가 없으면 새로운 기억을 만들어낼 수가 없습니다.

해마는 정상적 삶에 꼭 필요한 기억을 만드는 공장입니다. 또 학습 능력과도 관련이 아주 크고, 공간 지각 능력도 해마의 영향을 받습니다. 이 중요한 해마를 부모의 사랑이 더 크게 만듭니다. 워싱턴 대학교의 연구팀에 따르면, 부모의 따뜻한 보살핌을 받은 아이는 해마가 10%까지 더 크다고 합니다. 학습에 월등히 유리한 하드웨어를 갖추게 되는 것입니다. 부모의 사랑이 아이 뇌의 해부학적 구조까지 바꾼다니 실로 놀라운 사실입니다.

---

* 연구팀을 이끈 사람은 아동 정신과 의사인 존 루비(Joan L. Luby)였고 논문은 학술지 「Proceedings of the National Academy of Sciences Early Edition」에 발표되었습니다.

반대로 차갑게 반응하거나 무관심하면 아이의 해마 크기가 상대적으로 작아집니다. 그런 부모의 마음에도 모성애와 부성애가 분명히 있을 겁니다. 하지만 사랑을 비뚤어지게 표현하면 문제입니다. 무성의한 태도도 사랑하지 않는 것과 같게 됩니다. 사랑이 없거나 사랑을 표현하지 못하는 미숙한 부모가 아이의 뇌를 공부에 불리한 구조로 바꿔 놓습니다.

아이의 강한 정신력도 사랑을 받아야 가능합니다. 미국의 의학자이자 작가인 케네스 진스버그Kenneth R. Ginsburg는 이렇게 말합니다.•

"어린이가 강해지기 위해서는 무조건적인 사랑, 완벽한 안전, 1인 이상의 어른과 깊은 연결이 필요하다."

마음이 강해서 난관을 이겨내고 좌절도 쉽게 극복하는 아이가 강한 정신의 소유자입니다. 그런 강인함의 조건으로 세 가지가 꼽혔습니다. 조건 없는 사랑이 첫 번째입니다. 가령 높은 성적이나 복종 등 사랑받을 조건을 내세우는 부모는 아이의 마음을 노예의 마음처럼 약하게 만듭니다.

두 번째로 아이가 정신적으로 강하려면 안전한 환경에서 자라야 합니다. 서로 다투고 공격하는 어른들 사이에서는 아이의 마음이 유리처럼 약해집니다. 정신이 튼튼한 아이는 평화롭고 안전한 환경에

• 『Building Resilience in Children and Teens』 1장의 내용을 번역했습니다.

서 자라납니다.

아이가 강해지기 위해서는 세 번째로 한 명 이상의 어른과 정신적으로 깊이 연결되어 있어야 합니다. 예를 들어 아버지와 조부모가 아이를 박대하는 상황에서도 엄마 한 사람만이라도 지지하고 응원하면 아이의 마음이 강건해질 가능성이 있다는 겁니다.

위의 세 가지 조건 중에서 케네스 진스버그가 특히 강조하는 것은 바로 무조건적인 사랑입니다. 무조건적인 사랑의 반대는 조건부 사랑입니다. 부모의 말에 순응해야 사랑한다면 조건부 사랑입니다. 시험 성적이 높을 때만 사랑을 표현해도 조건부 사랑이 됩니다.

조건부 사랑은 아이를 불안하게 합니다. 부모의 사랑이 언제든 취소될 수 있다는 이야기니까 아이는 아찔한 외줄 타기를 하는 셈입니다. 불안은 마음을 약하게 합니다. 반대로 아이 마음을 진정으로 강하게 하는 것은 무조건적 사랑입니다. 어떤 경우에도 철회되지 않은 확고한 사랑을 베풀 때 아이는 두려움과 불안을 극복하고 강해지는 것입니다.

케네스 진스버그는 무조건적 사랑이 무조건적인 동의는 아니라는 점도 강조합니다. 아이가 규칙을 어기거나 잘못을 저지르면 틀렸다고 똑똑히 말해야 합니다. 다만 아이의 행동 여하에 따라 사랑을 거둘 수도 있다는 위협은 안 됩니다.

"너를 사랑하지만 그런 행동은 안 된다"고 타이르면 무조건적인 사랑이고, "그런 행동을 하면 너를 사랑할 수 없다"라는 경고는 조건부 사랑이 되는 것입니다.

무조건적인 사랑을 베푸는 부모가 아이에게 영원한 응원단입니다. 또 언제나 찾아가 쉴 수 있는 포근한 안식처도 됩니다. 그렇게 응원을 받으며 편히 쉴 수도 있다면 아이는 강한 사람으로 자랄 것입니다. 쓰러졌다가 금방 일어나고 좌절도 빨리 극복하는 강한 아이를 무조건적인 사랑이 키워냅니다.

아이를 진심으로 사랑하는 법

사랑은 아이의 자아실현을 동기화하고 뇌의 구조를 바꾸고 강인한 정신력도 선물합니다. 사랑만 해주면 다 되는 것입니다. 말은 그렇게 간단합니다. 하지만 실제를 육아를 경험해 보면, 아이를 완전히 사랑하는 게 아주 어렵다는 걸 알게 됩니다. 사랑의 마음을 표현하는 방법을 부모는 잘 모릅니다.

또 가끔 화를 내며 본심이 아닌 말을 해서 아이에게 상처를 주게 됩니다. 어떻게 해야 진심으로 한결같이 사랑할 수 있을까요? 간단한 방법이 있습니다. 어린 시절의 상처를 떠올리면 됩니다.

아픈 회상을 해보세요. 누구나 야단을 맞고 자랐습니다. 그러니 기억도 남아 있겠죠. 화난 부모님 앞에서 두려움에 떨었던 일이 생각날 겁니다. 부모님이 소리칠 때 내 마음이 어땠나요. 비난 대신에 부모님이 어떤 말을 해주길 바랐나요.

혹시 그런 아픈 경험이 기억나지 않으면 상상으로 대신할 수도 있어요. 내가 10살짜리 어린아이로 돌아갔다고 상상하세요. 그리고 거짓말을 했거나 숙제를 하지 않아 호되게 야단을 맞게 되었습니다. 엄마 아빠는 화난 표정입니다. 10살 아이는 무서워서 숨이 막힐 지경입니다.

이때 아이는 부모가 뭐라고 이야기하길 원할까요? 비난하지 않고 따뜻하게 타이르길 원할 게 분명합니다. 일방적으로 몰아붙이지 않고 나의 사정도 들어주기를 절실히 원할 것입니다. 답이 나왔습니다. 말썽을 피운 내 아이에게 그렇게 말하면 되는 것입니다.

혹시 아이의 엉덩이라도 때릴 생각인가요? 참아야 할 것 같은데 참기 힘든가요? 그럴 때는 부모님께 맞았던 기억을 떠올리면 도움이 됩니다. 어떤 기분이었나요? 불덩이처럼 뜨거운 매도 싫었겠지만 절망도 끔찍했을 겁니다. 나의 몸을 어른들이 아무런 허락도 없이 구타하는데 나는 아무것도 할 수 없습니다. 이것보다 더 절망적인 상황은 없습니다. 무시무시한 일입니다. 내 아이도 어린 나와 같은 마음입니다. 그래도 내 아이를 때리겠습니까?

부모는 아이를 자주 타자화합니다. 타인처럼 생각하는 것이죠. 타자화하지 않고 동일시해보는 겁니다. 아이와 자신을 동일시하려면 이런 질문을 자주 해야 합니다.

"나라면 어떤 말을 듣고 싶을까?"
"나라면 꼭 매를 맞아야 버릇을 고칠까?"
"나라면 화내고 비난하는 엄마를 다시 사랑할 수 있을까?"

저희 부부도 자라면서 야단을 많이 맞았는데, 아내는 초등학교 저학년 때 아빠에게서 매를 맞은 적도 있습니다. 두 세대 정도 종아리를 맞은 것뿐이지만 살이 찢어지는 듯이 아팠습니다. 하지만 눈물을 흘렸던 건 아픔이 아니라 두려움 때문이었습니다. 자신에게 그렇게 큰 고통을 줄 수 있는 완력과 폭력성이 아빠 속에 있다는 게 끔찍하게 무서웠습니다. 지금 돌이켜봐도 심장이 두근거릴 정도로 그날의 아픔과 공포는 강렬한 것이었습니다. 그리고 맞은 후에는 아빠가 달라 보였습니다. 거리감도 느꼈습니다. 마음이 멀어졌습니다. 그리고 신뢰에 금이 간 것도 사실입니다. 미세한 균열이었다고 해도 균열이 시작된 것은 분명합니다.

「어린 왕자」의 유명한 글귀가 있습니다.

"어른들은 누구든 처음에는 어린이었습니다. 그러나 그걸 기억하는 어른은 많지 않습니다."

엄마 아빠도 같습니다. 부모들은 모두 어린 아이였습니다. 그것을 기억하지 못할 뿐입니다. 기억을 되살려 어린 시절 자신의 상처를 떠올리고, 자녀에게는 똑같은 상처를 주지 않겠다고 결심하는 부모가 아이를 진정으로 사랑할 수 있습니다.

낮은 자존감을 대물림하지 않으려면

"나 정도면 괜찮은 엄마야"

자신을 사랑하는 엄마가 생각보다 드뭅니다. 자신을 원망하는 엄마가 다수입니다. 왜 엄마는 자신을 사랑하기 어려울까요. 여러 가지 중에서 가장 큰 원인은 자존감을 훼손하는 육아의 속성입니다. 조금 심한 표현일 수 있지만, 육아는 엄마 자존감의 무덤입니다. 육아에 헌신할수록 자존감이 땅속 깊이 꺼져버리는 경우가 많습니다.

주변을 살펴보면 쉽게 알 수 있습니다. 자신감이 넘치다 못해 도도한 여성도 엄마가 되면 자존감이 급추락합니다. 육아하느라 거울 한 번 보기 힘드니까 당연하죠. 유능한 커리어 우먼이라도 울고 부는 아이 앞에서는 무능한 엄마가 되어버립니다. 또 한없이 순하고 부드러운 여성은 엄마가 된 후에 난생처음 소리를 지르고 격분하는 자신을 발견합니다.

엄마의 낮은 자존감이 아이에게 학습된다

저희 부부 중 아이 엄마도 결혼 전에는 차분하고 친절하기로 정평이 났었는데, 아이에게는 냉정한 모습을 자주 보이게 되었습니다. 놀랐을 뿐 아니라 무서웠습니다. '정말 이렇게 나쁜 엄마인가' 싶어서 잠이 오지 않을 때가 많았습니다. 불과 육아 몇 년이면 자신의 능력을 의심하고 자신의 성격을 싫어하게 되기 쉽습니다.

자존감 낮은 사람의 특징 중 하나가 끊임없는 사과인데, 보통 엄마들도 그런 습관을 갖게 됩니다. 엄마란 항상 미안해하는 사람입니다. 아이가 몸이 아프기라도 하면 엄마는 자기 잘못만 같습니다. 기쁜 일이 생겼을 때조차도 엄마는 미안한 마음을 피하지 못합니다. 예를 들어서 생글생글 웃는 아이를 보면 엄마 마음이 잠시 환해지지만, 어제 호되게 야단쳤던 게 떠올라서 가슴이 아픕니다. 또 열심히 공부해서 성적을 올린 아이 앞에서도 잠깐 기쁘지만 곧 마음이 어두워집니다. 남들처럼 비싼 사교육을 못 시켜줘서 미안해지는 것이죠. 미안한 일은 무궁무진합니다. 영어를 몰라 가르칠 수 없어서 미안하고, 들려줄 인문학 지식이 부족해서 미안합니다. 또 좋지 않은 성격이 유전된 것 같아서 고개를 숙이게 됩니다.

그렇게 대부분의 엄마는 주관적으로 육아의 실패자입니다. 육아 승리자라고 큰소리로 자부하는 사람은 극소수밖에 없죠. 꽃밭인 줄 알았던 육아가 자존감에 상처를 줍니다.

상처받은 자존감은 엄마 본인에게 고통을 주지만 더 큰 문제가 있습니다. 다들 아시겠지만 엄마의 낮은 자존감은 아이에게 전염됩니다.

전염의 주된 매체는 '말'입니다. 자존감이 낮은 사람은 먼저 자신에게 나쁜 말을 합니다. 부정적인 혼잣말이 머릿속에서 매일처럼 맴돌지요.

"나는 왜 제대로 하는 일이 없지?"
"나는 왜 이 따위로 사는 걸까?"
"나는 왜 이것밖에 안 되지?"

자신의 삶이 부끄럽고 가치 없다고 믿어서 하는 말들입니다. 문제는 이런 생각이 무의식중에 노출된다는 것입니다. 똑같은 말로 자녀를 공격하게 되는 것이죠.

"너는 제대로 하는 일이 없어."
"너는 왜 그렇게 사니?"
"너는 왜 그것밖에 안 되니?"

그런 가혹한 말로 자녀를 공격하는 부모가 적지 않습니다. 자녀가 창피해서 싫다는 말인데, 알고 보면 엄마가 자신에게 쏟았던 비난이 표출된 것에 불과합니다.

자신을 싫어하는 엄마는 사랑하는 아이까지도 싫어합니다. 그 결과는 뻔합니다. 자녀의 자존감도 따라서 추락하게 됩니다.

낮은 자존감이 유전되는 고리를 끊어야 합니다. 그러기 위해서 필요한 게 있습니다. 부모, 그중에서도 아이의 애착 대상인 엄마가 자존감을 회복하는 것입니다. 육아를 시작하면서부터 망가진 자존감을 되살려야 합니다. 다행히 간단한 방법이 있습니다. 완벽한 엄마를 꿈꾸지 않으면 해결이 됩니다.

완벽한 육아는 비현실적인 꿈입니다. 완벽하지 못해도 그저 괜찮은 엄마만 되어도 충분합니다. 그렇게 목표치를 현실화하면 엄마는 자존감을 회복할 수 있습니다.

'괜찮은 엄마good enough mother'는 육아 분야에서는 아주 유명한 개념으로 영국 의사인 도널드 위니콧Donald Winnicott이 만든 것입니다. '괜찮은 엄마'는 '완벽한 엄마'의 대립어로 만들어졌습니다. 아이의 모든 요구를 즉시 만족시켜주며 어떤 상황에서도 아이를 보호하는, 그런 완벽한 엄마가 되는 건 사실 거의 불가능합니다.

현실의 엄마들은 아이가 원하는 것을 모두 채워줄 수 없습니다. 원하는 장난감을 다 사주는 건 벅찬 일입니다. 또 국어, 수학, 영어, 과학, 철학 등 필요한 지식을 다 가르쳐줄 수 있는 엄마도 없습니다. 물질과 지식뿐 아니라 감정적으로도 불완전해서 거의 대부분의 엄마가 소리 지르고 짜증내기 십상입니다.

대부분의 엄마가 아이에게 상처를 주고 좌절하게 만듭니다. 그런데 놀랍게도 그게 나쁘지 않습니다. 흠이 많고 부족한 엄마가 오히려 아이에게 유익합니다. 아기의 정신적 성장을 가능하게 하기 때문입니다.

위에서 언급한 영국 의사 도널드 위니콧에 따르면, 아이는 처음에는 엄마와 자신이 하나라고 생각합니다. 배가 고프면 엄마가 즉시 먹을 것을 줍니다. 또 금방금방 기저귀를 갈고 안아주기도 합니다. 아이로서는 세상이 자기 뜻대로 다 됩니다. 마치 세상 전체가 자기를 위해서 움직이는 것 같죠.

그런데 커가면서 엄마가 변합니다. 원하는 것을 다 해주지 못하는 것이죠. 때로는 화를 내고 어떤 때는 무시하기도 하며 가끔은 아무리 울고 짜증내도 외면합니다. 그로 인해 아이는 점차 알게 됩니다. 엄마와 자신이 별개라는 그 중요한 진실을 깨닫게 되는 것입니다. 아울러 자신이 세상의 중심이 아니라는 것도 아이는 배웁니다. 욕구를 채우려면 기다려야 하고 또 어떤 소망은 이룰 수 없다는 걸 알게 된 아이는, 자신이 세상의 일부이지 중심이 아닌 걸 학습하게 됩니다.

그렇게 아이를 정신적으로 성장시키는 것은 역설적이게도 엄마의 무능입니다. 완벽하지 않고 괜찮은 정도의 엄마여서 아이는 축복을 받는 셈입니다.

만일 부모가 완벽하다면 어떨까요. 완벽한 엄마가 아이에게 씻을 수 없는 해를 끼칩니다. 상황을 가정해 보겠습니다.

아이를 완벽하게 보호할 수 있는 슈퍼 부모가 있다고 상상해 보세요. 수천억 원을 갖고 있는 굉장한 부자 부모입니다. 부모의 인적 네트워크도 어마어마하게 넓어서 아이가 어디에 있건 지켜줄 수 있습니다. 아이는 부모 덕분에 학교에서 특별 대우를 받고 있으며 나중에는 회사 임원으로 사회생활을 시작하게 되어 있습니다. 모든 사람들이 그 아이를 공주나 왕자처럼 떠받드는 것은 말할 것도 없죠. 이렇게 가장 좋은 것만 누리는 아이는 나중에 어떻게 될까요. 목표를 이루는 사람으로 자랄까요? 아닐 가능성이 커 보입니다.

좌절을 배우지 못하면 바보가 됩니다. 실패를 모르면 아이는 세상이 자신을 중심으로 돌아간다는 환상에 빠지게 됩니다. 하지만 세상은 누구의 것도 아니고, 한 사람을 중심으로 돌아가지도 않습니다. 어릴 때부터 좌절을 몰랐던 아이는 세상을 모르는 것입니다. 당연히 자신의 한계도 알 수 없겠죠. 세상도 모르고 자신도 모르니까 그 아이는 세상으로 나가는 것이 무섭습니다. 세상의 갑부집 자녀 중 일부가 약물에 빠지고 방탕한 삶을 사는 것은 괴롭고 무섭다는 증거입니다. 완벽한 부모가 자녀에게서 좌절과 배움의 기회를 앗아간 결과입니다.

엄마가 먼저 자신을 사랑해야 한다

육아 정보를 읽는 부모의 속은 괴롭습니다. 다른 육아서도 마찬가지이고 이 책도 비슷할 겁니다. 책들이 엄마에게 엄청난 의무감을 심어줍니다. 언제나 기민하게 반응하고 따뜻하게 보살피는 만점 엄마가 돼라는 압박이 육아서에 숨어 있습니다. 물론 노력해야 합니다.

매일 자신을 돌아보고 절제하고 발전해야 합니다. 그래야 후회가 적습니다.

그런데 진실은 변하지 않습니다. 사실은 완벽한 육아 정보도 없고, 완벽한 엄마도 존재할 수 없습니다. 그러니 읽고 들은 육아 정보를 철두철미하게 따르겠다고 생각하지 않는 게 좋습니다.

그러면 뭘 어떻게 해야 할까요? 가끔은 온 힘을 다하지 않고 여유롭게 육아를 해도 괜찮습니다. 이를테면 목표의 80%나 70%만 채워도 훌륭한 엄마라고 속으로 원칙을 세우는 겁니다. 구체적인 행동 지침도 있습니다. 아이가 어느 정도 자라면 좌절과 실패를 경험하도록 내버려 둡니다. 예를 들어서 아이가 엄마를 찾자마자 부리나케 달려가는 게 아니라, 천천히 걸어가거나 전화 통화를 끝날 때까지 기다리게 합니다.

그러면 아이는 엄마에게도 세상이 존재한다는 걸 알게 될 뿐 아니라 덤으로 기다리는 능력도 키우게 됩니다. 좋은 일입니다. 엄마는 마음의 여유도 가질 필요가 있습니다. 친구와 게임을 하다가 아이가 지는 걸 봐도 애달 복달 안타까워하지 마세요. 대신 경쟁에서 질 수도 있다는 만고의 이치를 아이가 배우고 있다고 기뻐하세요. 성적이 떨어져서 울어도 한 발짝 거리에서 바라보세요. 누구에게나 후회의 경험이 필요합니다. 그리고 아이에게 예쁜 새 옷이나 장난감을 못 사줘도 너무 아파하지 마세요. 아이는 모든 걸 가질 수 없다는 중요한 사실을 배울 테니까요.

부모는 자신이 완벽할 수 없어서 안타깝고 괴롭습니다. 그런데 세상의 보이지 않는 원리가 신비롭습니다. 부모가 불완전하기 때문에 아이가 성장합니다. 부모가 부족한 덕분에 아이가 자신과 세계에 대한 올바른 인식을 갖게 됩니다. 나의 부족함이 아이에게 이롭다는 역설은 가슴 아프면서도 감사합니다. 완벽한 엄마가 되려고 너무 애쓰지 않아도 좋겠습니다. 그저 괜찮은 엄마만 되어도 충분한 것입니다. 아이가 좌절과 실패를 경험하게 두는 엄마, 부족한 자신을 이해하고 사랑하는 엄마가 바로 괜찮은 엄마입니다.

아이에게 이렇게 말해주면 어떨까요.

"원하는 걸 다 들어주지 못해 미안하다. 그런데 다 해주는 엄마는 세상에 없다."

"엄마는 단점이 많아. 여러 면에서 부족해. 하지만 최선을 다하고 있다. 엄마는 나 자신에게 박수를 보내고 싶어."

자신의 불완전성을 받아들이는 엄마는 스스로 사랑할 수 있게 됩니다. 그런데 엄마가 자신을 사랑하면 누가 큰 이득일까요. 바로 자녀입니다. 내가 나를 사랑하면 나의 피붙이인 딸 아들도 자기 사랑을 배우게 됩니다. 자신이 가치 있고 좋은 사람이라고 확신하면서 기쁘게 공부하는 자녀의 모습을 상상해 보십시오. 부모로서 뭐가 더 필요할까요.

엄마는 자녀의 자존감을 높이려고 노력합니다. 그런데 엄마가 태양입니다. 아이는 엄마의 빛을 받는 것입니다. 그러니까 엄마가 환해져야 아이도 밝아집니다. 아이의 자존감을 높이려고 아등바등하지 말고 먼저 엄마 자신의 자존감을 돌보는 것이 순서에 맞는 것입니다. 자기를 존중하고 사랑하는 엄마가 아이를 행복하게 만들고, 행복한 아이가 공부에 집중합니다.

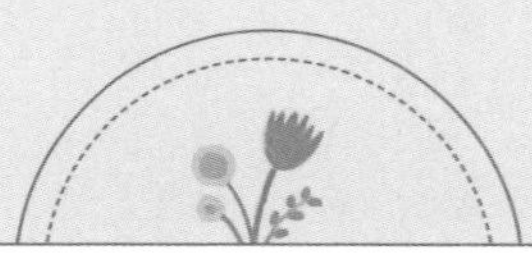

반드시 고쳐야 할

부모 말투

"듣기 싫다. 그만해. 조용히 밥 먹어!"

"넌 도대체 왜 그래?"

"너는 평소 태도가 문제야."

"또 그랬니? 이럴 줄 알았다. 기대도 안 했어."

"쯧쯧, 너는 싹수가 노랗다."

"그렇게 해서는 넌 절대로 성공 못 한다. 하늘이 두 쪽 나도."

"아휴. 답답해. 아직도 그걸 몰라?"

"그런 행동을 하면 너를 사랑할 수 없다."

"나는 왜 제대로 하는 일이 없지?"

"너는 제대로 하는 일이 없어."

"나는 왜 이 따위로 사는 걸까?"

"너는 왜 그렇게 사니?"

"나는 왜 이것밖에 안 되지?"

"너는 왜 그것밖에 안 되니?"

2

관계 해결

선생님, 친구를 미워하지 않아야 성적이 오른다

비현실적인 기대감을 깨는 게 부모가 할 일이라는 생각이 듭니다. 상대가 완벽할 거라는 기대감이 실망을 부르고 관계를 훼손하는 경험을 누구나 하게 되니까요. 알다시피 무결점인 사람은 존재하지 않죠. 친구도 선생님도 부모도 오류와 실수를 저지릅니다. 아무리 친한 친구도 실망감을 줄 때가 있습니다. 선생님이 틀릴 때도 있고요. 부모도 실수를 저질러 자녀를 속상하게 합니다. 모든 사람의 오류 가능성을 아는 게 성장 과정이고, 그런 성장을 도울 수 있다면 부모로서 높은 점수를 받게 될 겁니다. 이렇게 설득하는 게 꼭 필요하겠습니다.

교실 속 차별을 호소한다면

"선생님도 실수할 수 있어"

선생님과 사이가 나쁘면 아이가 학교생활을 잘 해낼 수 없습니다. 성적도 큰 문제가 됩니다. 선생님은 아이의 미래를 좌우할 수도 있는 절대적으로 중요한 사람입니다.

그런데 부모로서는 선생님이 참 어렵습니다. 아이가 선생님에 대한 원망이나 불만을 드러내기라도 하면 더더욱 곤란해집니다. 뭘 어찌해야 할지, 방법이 있기는 한지 알 수가 없어 부모는 힘듭니다. 시대를 떠나 모든 부모가 공통으로 겪는 난제가 바로 선생님 문제입니다.

가령 아이가 "선생님이 나를 차별한다"며 불만을 말하면 어떻게 반응해야 할까요?

"선생님이 나를 차별해요."

(1) "정말? 오해가 아닐까?"

(2) "선생님들이 그럴 때가 있지. 어떤 일이 있었어?"

(1)은 '선생님이 차별할 리가 없다'는 뜻이고 (2)는 '선생님도 가끔 차별한다'는 의미를 담고 있습니다. 대부분의 부모가 (1)처럼 말하는데 도덕적인 대응처럼 보이지만 문제가 있습니다. 아이의 판단을 부정하기 때문입니다. 부정당한 아이는 입과 마음을 닫아버릴 수 있습니다. 아이의 오해는 나중에 풀기로 하고 먼저 아이의 판단이 옳다고 전제하고 대화하는 게 낫다고 봅니다. (1)보다는 (2)가 더 좋은 대응인 것입니다. 어떤 일이 있었는지 듣고 난 뒤, "선생님도 차별처럼 보이는 행동을 할 때가 있어"라고 말하는 게 좋습니다.

사실 선생님이라고 해서 완벽히 공정할 수는 없습니다. 차별로 비칠 수 있는 말과 행동이 불가피한 것이죠. 20명이 넘는 아이에게 똑같이 기회를 주고 골고루 웃어 보이는 건 불가능합니다. 또 사람의 주의력에 한계가 있으니까 손을 든 아이를 못 볼 수도 있습니다.

아이에게 사실을 알리는 게 더 낫다고 할 수 있습니다. 선생님이 학생들에게 한치 오차 없이 공평할 수는 없다고 말해주는 것입니다. 물론 차별 의도가 있다고 말해서는 안 됩니다. 아이에게 선생님의 고충을 알려주는 게 좋습니다. 관리해야 할 아이도 많고, 업무 스트레스도 심한 직업이라고 말해주는 것이죠.

선생님도 불완전한 존재라고 알려주는 법

기억을 되살려보니 저희 부부도 어린 시절 선생님에게 실망한 적이 있습니다. 완벽할 것만 같은 선생님이 가끔 옳지 않거나 현명하지 않은 것 같아서 혼란스러웠습니다. 저희 아이도 선생님을 원망한 일이 여러 번 있었습니다. 중학교 저학년 때 이렇게 억울함을 호소하더군요.

"선생님이 그러면 안 되는 것 아니에요? 난 잘못이 없는데 나를 야단 치셨어요."

친구와 갈등이 있었고 언성이 높아지자 선생님은 저희 아이와 친구 모두에게 잘못을 지적하고 주의를 줬습니다. 그런데 자신이 피해자라고 굳게 믿었던 저희 아이는 선생님에게 크게 실망하고 억울함을 느꼈습니다. 저희 부부는 고심 끝에 이렇게 말해줬습니다.

"선생님도 틀릴 수 있어. 선생님도 엄마 아빠처럼 평범한 사람이니까 완벽할 수는 없는 거야."

그리고 이 말도 덧붙였습니다.

"야구 심판이 스트라이크를 볼로 착각할 때가 있잖아. 선생님도 오해할 때가 있는 거야. 실수하는 엄마 아빠를 용서하듯이, 실수하는 선생님도 너그럽게 이해하는 게 좋아."

아이의 생각이 어떻게 움직였는지 정확히 알 수는 없지만 마음이 조금은 풀어진 것 같아서 다행이었습니다.

이야기의 폭을 넓히면, 비현실적인 기대감을 깨는 게 부모가 할 일이라는 생각이 듭니다. 상대가 완벽할 거라는 기대감이 실망을 부르고 관계를 훼손하는 경험을 누구나 하게 되니까요. 알다시피 무결점인 사람은 존재하지 않죠. 친구도 선생님도 부모도 오류와 실수를 저지릅니다. 아무리 친한 친구도 실망감을 줄 때가 있습니다. 선생님이 틀릴 때도 있고요. 부모도 실수를 저질러 자녀를 속상하게 합니다. 모든 사람의 오류 가능성을 아는 게 성장 과정이고, 그런 성장을 도울 수 있다면 부모로서 높은 점수를 받게 될 겁니다. 이렇게 설득하는 게 꼭 필요하겠습니다.

"완벽한 사람은 없다. 누구나 틀릴 수 있다. 그러므로 이해하면서 지내야 한다."

그런데 아이도 오류 가능성이 있습니다. 즉 선생님이 틀리지 않았고 차별하지 않았는데 혼자 착각할 수도 있는 것입니다. 그 사실 또한 지적해 줘야 할 겁니다. 하지만 "네가 오해했다"고 직접 지적하는 것보다는 우회로가 낫습니다. 가령 부모 자신의 경험담을 통해 조언을 주는 게 방법입니다. 예를 들어 이렇게 말하면 됩니다.

"나도 초등학교 5학년 때 선생님이 싫었다. 나만 무척 미워하는 것 같아서였다. 그런데 커서 돌이켜보니 아니었어. 선생님이 전혀 미워하지 않았는데 내가 마음대로 지어냈는지 모른다는 생각이 들더라. 나 또한 불완전하다는 걸 커서야 깨달았어. 어릴 때는 특히 선생님에 대한 오해를 많이 한단다."

선생님만 아니라 학생도 불완전합니다. 그리고 자신의 오류 가능성을 깨닫는 것도 성장입니다. 자신도 틀릴 수 있다고 생각하고 인정하는 아이가 모두에게 너그럽습니다. 편안한 아이가 될 수 있는 것이죠. 아이 본인이 항상 옳은 것은 아니고, 또 좀 틀려도 된다고 에둘러서 자주 말하는 게 좋겠습니다.

인정과 지지의 태도가 아이를 설득한다

끝으로 미국의 한 교육 전문 매체 「비잉 더 페어런츠Being The Parents」가 추천하는 선생님과 학생의 갈등 해소 방법들을 소개하겠습니다.*

* www.beingtheparent.com에 실린 글 "When Your Child Complains That The Teacher Hates Him!"를 정리했습니다.

유익하고도 흥미롭습니다.

매체가 우선적으로 강조하는 것은 인정과 지지입니다. 아이들은 선생님이 싫다거나 나쁘다는 말을 자주합니다. 자신을 미워하거나 불공정하게 대하고 심하게 혼을 낸다고 불평하는 경우가 많습니다. 그럴 때 부모가 취해야 할 최우선의 태도가 있다고 합니다. 인정하고 지지하는 표현을 해야 하는 것이죠.

"네가 틀렸어"라거나 "네가 착각을 했겠지"라고 말해서는 안 됩니다. 대신 아이의 하소연을 충분히 듣고 심정을 이해하고 생각을 인정해야 합니다. 앞서 말했듯이 아이의 주장을 부정하면 아이는 마음을 닫게 됩니다. 인정이 대화를 지속시킵니다.

그다음 필요한 것이 지지 의사 표현입니다. 부모가 네 편이 되어서 어떻게든 도와주겠다고 말하는 것입니다. 그렇게 하면 스트레스를 넘어서 절망했을지도 모르는 아이의 손을 잡을 수 있습니다.

다음으로 해결을 모색할 순서입니다. 위 매체는 세 가지 해결책을 제시합니다.

첫 번째는 역할 게임입니다. 엄마는 학생의 역할을 하고, 아이는 선생님의 역할을 맡아서 상황극을 펼쳐보는 것입니다. 교실은 아주 소란스럽습니다. 학생들은 떠들고 집중하지 않습니다. 어떤 학생은 잠을 잡니다. 이제 엄마가 물어볼 순서입니다. "네가 선생님이라면 이럴 때 어떻게 하겠니?"라고 말입니다. 이런 상황극을 통해서 선생님의 입장을 상상한다면 갈등 해소의 단서가 생긴 셈입니다.

두 번째로 선생님의 긍정적 이미지를 만드는 게 주효합니다. 선생님이 칭찬해 준 기억, 재미있는 이야기를 해준 기억, 감사했던 기억을 떠올리게 하면 됩니다. 또 선생님이 엄마에게 전화를 해서 아이 칭찬을 했다는 이야기를 해줘도 효과적입니다. 선생님에게 긍정적 이미지를 입히면 원망 같은 아이의 감정이 천천히 해소될 수 있습니다.

세 번째로 권위 존중을 가르치는 게 중요하다는 설명입니다. 선생님이 실수할 수도 있지만, 큰 이익을 주는 존재라는 걸 기억하게 만듭니다. 선생님은 아이에게 삶의 필수적인 지식과 지혜를 가르쳐 주는 분입니다. 아이를 무지에서 벗어나게 하고 사람답게 행동하게 돕는 존재가 선생님입니다. 그런 선생님이 없으면 아이가 성장하기 어렵다는 명백한 사실을 말해줍니다. 또 모든 선생님은 불완전하더라도 존경받을 자격이 있다고 강조합니다. 아이의 판단이 틀려서가 아니라 선생님이 고마운 존재이니 존중하자고 설득합니다. 아이의 마음이 넓어질 수 있을 것입니다.

'학폭'으로부터 아이를 보호하려면

"싫으면 싫다고 말해야 해"

아이들은 학교에서 폭력을 당하기도 합니다. 언어폭력, 집단 따돌림, 사이버 괴롭힘, 신체적 폭력 등 다양한 폭력으로부터 우리 아이를 보호하려면 어떻게 해야 할까요.

사회 제도적 보호 장치가 필요하다는 건 말이 필요 없을 정도로 자명합니다. 학교의 책임도 막중합니다. 그런데 부모의 역할도 없지 않습니다. 먼저 아이가 분명하게 자기 의견을 말하도록 가르치는 게 중요하겠습니다. 폭력이나 부당한 대우가 싫다고 당당히 말하는 아이라면, 학교 폭력의 피해자가 될 위험이 현저히 낮아질 수 있습니다.

그런데 싫어도 싫다고 말을 못하는 아이들이 있습니다. 원인은 두 가지로 분류할 수 있을 겁니다. 첫 번째는 폭력을 가하는 자들의 보복이 무서워서겠죠. 두 번째 이유도 있는데 가정에서의 나쁜 경험

때문입니다. 싫다고 이야기를 했다가 후회한 적이 있는 것입니다. 좋고 싫은 의사 표현을 할 수 없는 환경에서 자란 아이는 싫어도 싫다고 말하지 못합니다. 그리고 그렇게 순하고 조용한 아이는 괴롭힘의 대상이 될 위험이 큽니다.

똑똑한 의사 표현을 고무하려면

부모는 아이가 자기 의사를 똑똑히 밝히게 고무해야 합니다. 그런데 그런 태도 교육이 가정에서는 경시되는 편입니다. 심지어는 의사 표명을 금지하는 부모도 적지 않습니다. 문제는 대체로 부모의 부당한 말에서 시작됩니다.

예를 들어보겠습니다. 부모가 여행을 가고 싶습니다. 오랫동안 참았는데 이번 주말에는 바다로 꼭 가야겠다고 결심하고는 아이에게 제안했습니다. 그런데 아이가 반대합니다.

"나는 여행이 싫어요. 그냥 집에 있고 싶어요."

(1) "왜 싫어? 바다도 보고 맛있는 것도 먹는데. 이해를 못 하겠다. (짜증내며)"

(2) "그래? 잘했다. 싫으면 싫다고 말해야 해. 정말 멋있었다. 그래도 부탁인데…. (밝게 웃으며)"

(1)은 아이를 이해 못 할 이상한 존재로 만들어 조롱했으니 비신사적입니다. 또 아이의 정당한 의사 표현을 억압한다는 의미에서 폭력적이기도 합니다. 아이가 밖에서 당하지 않기를 바라는 언어폭력을 부모가 집에서 행사하는 경우가 많습니다. 부모는 정작 자신은 아이를 자주 무시하면서 밖에서 아이가 언어폭력을 경험하면 분개합니다. 일관적이지 못한 태도입니다. 언어폭력 감수성이 떨어지는 부모들이 그런 잘못을 저지르게 되는데, 안타깝게도 저희 부부 또한 그런 부류에 가까웠습니다.

(2)는 반대하는 아이를 인정하는 걸 넘어서 박수를 보냅니다. 분명한 자기표현을 고무하는 말인 것입니다. 교육 효과가 높습니다. 잔소리를 각오하고 여행에 반대했던 아이는 분명히 기분이 좋을 것이고, 앞으로도 싫은 건 싫다고 똑똑하게 말할 수 있을 것입니다.

호불호 표명이 명확한 아이는 행복을 지킬 수 있습니다. 학교생활뿐 아니라 훗날 연애를 하거나 직장에 다니면서도 싫은 걸 싫다고 말할 수 있어야 행복 가능성이 높아집니다.

그런 좋은 능력을 기르는 간단한 방법이 있습니다. 거절 의사를 밝힌 아이를 격하게 칭찬하면 되는 것입니다. "나는 탕수육 먹고 싶지 않아요" "나는 오늘은 공부하기 싫어요"라고 말하는 아이에게 박수를 보내는 것이죠. 거절을 하고 칭찬받은 아이는 자기주장도 명확해질 것입니다. 엄마 아빠 그리고 친구에게 당당하게 자기 생각을 말할 수 있게 됩니다.

"엄마, 나는 기분이 상했어요. 무시당한 느낌이에요."
"아빠, 오늘은 간섭받기 싫어요. 혼자 있고 싶어요."
"친구야, 나도 너처럼 소중한 존재다. 나를 아프게 하지 말아줘."

위와 같이 거리낌 없이 거절하고 마음도 솔직히 밝히는 아이는 학교 폭력의 피해자가 될 확률이 낮습니다.

아이들이 한두 번의 말로 상처를 주고받는 일은 흔한 일입니다. 또 상대를 밀거나 당기는 건 나쁜 일이지만 한두 번은 있을 수 있습니다. 문제는 지속성입니다. 일주일, 이주일 넘게 언어폭력과 괴롭힘이 지속되어서 관계 패턴이 굳어지면 그때부터 아이는 견디기 힘들게 됩니다.

어떤 아이가 학교 폭력의 희생자가 될까요? 잠자코 당하는 아이가 표적이 됩니다. 당당히 말해야 상황이 악화되지 않습니다. 괴롭힘이 싫다고 말하는 겁니다. 예를 들어 "나를 놀리는 말을 들으니까 너무 싫다"고 친구에게 또박또박 말해야 합니다. 그래도 괴롭힘이 지속되면 "이건 학교 폭력이므로 엄마와 선생님에게 이를 수밖에 없다"고 경고하는 아이가 폭력의 피해자가 되는 걸 면할 수 있습니다.

학교 폭력의 피해자에게 책임이 있다고 말하려는 건 물론 아닙니다. 가해자의 책임이 훨씬 크고 또 학교의 예방 의무도 있습니다. 그러나 부모로서는 우리 아이를 튼튼하게 키우는 것도 피할 수 없는 과제입니다. 폭력은 부당하며 의사 표현은 정당하다는 확신이 아이 마음을 튼튼하게 만들 것입니다.

부모는 단호한 의사 표현을 응원하는 데 머물지 말고, 아이의 권리에 대해서도 반복해서 알려주는 게 유익합니다. 아래와 같이 말하면 될 것입니다.

"누구나 싫어할 권리가 있다. 뭐든 다 좋다고 말하는 천사가 되지 마라."
"누구에게도 강요할 권리는 없다. 강요는 나쁜 것이다. 너도 남에게 강요해서는 안 된다."

부모에게 도움을 청하게 하려면

학교 폭력을 예방하기 위해서 부모가 할 일이 또 있습니다. 아이가 아주 어릴 때부터 부모는 보호자로서 역할에 충실해야 합니다. 그래야 아이가 위급할 때 도움을 청할 수 있을 테니까요.

학교 폭력이 발생했을 때 교사나 부모에게 도움을 청하는 게 당연합니다. 그것이 가장 효과적인 해결책이 될 수 있고요. 그런데 적지 않은 학교 폭력 피해자들이 침묵합니다. 교사는 물론 부모에게도 상의하지 않아서 악화되는 경우를 주변이나 언론에서 보게 됩니다.

부모에게 도움을 청하게 만들려면 어떻게 해야 할까요? 일찍부터 신뢰를 줘야 합니다. 아이가 어려움을 토로하면 진심으로 듣고 따뜻하게 위로하고 실제로 도와야 하는 것이죠. 아이의 고통에 둔감하거

부모는 단호한 의사 표현을
응원하는 데 머물지 말고,
아이의 권리에 대해서도
반복해서 알려주는 게 유익합니다.

나 다가오는 아이를 밀어내면, 아이는 도움을 청하지 않게 될 겁니다.

저희 부부가 경험한 바로는 착하고 조용한 아이가 학교 폭력의 표적이 되는 경우가 많더군요. 또 한두 번 괴롭히다가도 피해 학생의 부모가 적극적으로 문제를 제기하면 폭력을 멈출 수 있는데, 부모의 도움이 없는 경우에는 폭력이 지속되는 경우가 많았습니다.

학교 폭력은 아이의 모든 행복을 앗아갑니다. 괴롭힘이나 폭력의 대상자가 공부를 할 수 없다는 건 말할 필요도 없습니다. 사회와 학교가 예방 노력을 해야 하는 것은 당연하고요. 거기에 더해서 부모도 많이 애써야 합니다. 아이의 자유로운 의사 표현을 보장하고 아이의 도움 요청에 민감하게 반응하는 부모가 내 아이를 지킬 수 있습니다.

폭력 피해자가 되지 않는 행동 요령

괴롭힘과 폭력의 피해자가 되지 않게 아이에게 행동 요령도 가르치는 게 좋겠습니다. 캐나다의 최대 육아 전문 매체 「투데이스 페어런트Today's Parent」가 학교에서 괴롭힘을 피하는 요령을 정리했는데 설득력이 높습니다.•

• www.todaysparent.com에서 발행한 글 "9 ways to stop and prevent child bullying"를 참고 했습니다.

(1) 무시하고 자리를 뜨기

"남을 괴롭히려는 아이들은 반응하는 상대를 찾는다"고 캐나다 빅토리아 대학교의 심리학과 교수 보니 리드비터Bonnie Leadbeater가 지적합니다. 누가 놀리고 괴롭혀도 슬퍼하거나 위축되는 모습을 보이지 않고, 안전한 곳으로 옮겨가는 것이 좋은 방책입니다.

(2) 분명히 말하기

위에서 강조했던 내용입니다. 만일 무시하거나 모른 척할 수 없는 상황이라면 괴롭히는 아이에게 자신의 감정을 정확히 표현하면 됩니다. "그렇게 말하니까 내 감정이 많이 상했다"라거나 "친구를 괴롭히는 것은 나쁜 일이다"라고 또박또박 말해야 하는 것이죠. 또 "선생님이나 우리 부모님이 아시면 많이 걱정하실 거다"도 괜찮습니다. 어른의 개입을 암시해서 상대를 위축시킬 수 있으니까요.

(3) 도움 청하기

아이들은 괴롭힘이나 폭력 문제를 자신이 해결하려고 시도합니다. 그러면 문제가 심각해질 수도 있습니다. "도움을 청하는 행동이 당연하다고 알려주는 게 우리가 아이에게 해줄 수 있는 최고의 일이다"라고 리드비터 교수는 강조합니다.

(4) 친구 사귀기

친구를 잘 사귀지 못하거나 친구가 없는 아이가 폭력의 대상이 되기 쉽습니다. 리드비터 교수는 "친구가 괴롭힘으로부터 아이를 보호한다"고 했습니다. 많은 친구를 사귈 기회를 만들어주는 게 필요합니다. 또 친구를 잘 사귀는 기술을 알려주는 것도 좋겠죠. 자주 만나고 칭찬을 많이 해주면 친구를 사귀는 게 수월합니다.

(5) 즐거운 활동 많이 하기

괴롭힘이나 폭력을 당한 아이라면 감정을 건강하게 풀 수 있는 활동을 하는 게 좋습니다. 운동, 취미 활동, 여행 등이 아픈 기억을 잊게 하고 마음의 상처를 치유합니다. 폭력의 피해자가 아니더라도 친구 관계 때문에 스트레스가 많은 아이에게 즐거운 활동은 매우 유익합니다.

아이 자신을 사랑하게 하려면

"세상에 나쁜 성격은 없어"

친구와 선생님 못지않게 아이 자신과의 관계 또한 중요합니다. 자신을 좋아해야 미래가 밝습니다. 자신이 좋은 사람이라고 믿는 아이가 더 기쁘게 공부하고 더 많은 것을 이룰 수 있습니다.

물론 완전한 아이는 없습니다. 누구나 단점이 있고 부족한 면모가 있게 마련입니다. 그렇다고 해도 당당히 자신을 좋아하는 게 의무입니다. 단점 개선 노력은 하되 단점 때문에 자책하고 괴로워하지 않아야 자기 행복과 공부에 몰입할 수 있습니다.

그런데 문제는 부모가 훼방을 놓는다는 사실입니다. 많은 부모에게 자기 아이를 나쁘게 평가하는 습성이 있습니다. 걱정하고 사랑해서 하는 말이지만, 그게 아이가 자신을 싫어하게 만듭니다.

예를 들어 성격이 급한 아이가 있다고 가정하겠습니다. 매사에 서둘러서 실수를 많이 한다는 걸 아이 본인도 잘 알며 걱정도 합니다. 부모가 아이를 앉혀놓고 조언을 하게 되었습니다. 어느 쪽이 더 좋을까요?

(1) "너는 성격이 급해서 큰일이다."

(2) "너의 성격이 급하다고? 아니야. 넌 진취적인 거야."

대부분 (1)이라고 말합니다. 낙인, 즉 '불에 달군 쇠붙이 도장'을 찍는 말입니다. 그 말을 들은 아이는 두 가지를 확신하게 될 것입니다. 자신의 급한 성격은 나쁜 것이며, 또 그 성격 때문에 삶도 나빠질 것이라고 믿게 될 수 있습니다. (1)은 아이를 나쁘게 규정하는 말이고 아이가 자신을 싫어하게 만드는 말입니다. 비슷한 말은 아주 많습니다.

(2)는 다릅니다. 시각이 창의적이고 긍정적입니다. 급한 것은 사실인데 그것은 진취성의 표현이라고 했습니다. 적극적으로 목표를 이루려는 마음이 강해서 급하다는 평가인 것이죠. 부모가 이렇게 긍정적인 시각이면 얼마나 좋을까요. 아이를 긍정하는 엄마 아빠의 말이 아이의 자존감을 높이고 미래를 더욱 밝게 만듭니다.

어떻게 해야 아이의 아직 덜 다듬어진 성격에까지 찬사를 보낼 수 있을까요? 성격에 대한 생각을 바꿔야 합니다. 부모가 성격에 대한 고정관념에서 벗어나야 합니다.

두 가지를 말씀 드리겠습니다. 첫째, 아이가 커가면서 저절로 나쁜 성격을 관리할 능력이 생깁니다. 둘째, 단점이 오히려 장점이 될 수도 있습니다. 그렇게 생각하면 나쁜 성격이란 존재하는 것이 아니지요.

크면서 저절로 자라는 성격 관리 능력

먼저 성격이 나빠서 부모를 걱정하게 만든 한 아이의 인생 스토리를 소개하겠습니다. 주인공은 바로 저희 부부의 아이입니다. 저희 아이는 어릴 때부터 특히 언어 자극에 민감해서 상처를 쉽게 받았습니다. 짜증이 많은 터라 부모로서 걱정도 많이 하고 야단도 자주 쳤는데, 지금 생각하니 아이 스스로 상처받지 않으려는 방어 수단이었던 것 같습니다. 아이가 화를 낸 것은 제발 아프게 하지 말라며 하소연한 것과 다름없었던 것입니다.

아무튼 아이는 상처에 취약했고 화도 많았습니다. 초등학교 입학 전에는 친구들과 놀다가 자주 소리 높여 엉엉 울었습니다. 초등학교에 가서도 아이는 온화해지지 않았습니다. 수업 시간에는 집중하는 편이었고 선생님 지시도 잘 따랐습니다. 그런데 친구들이 떠들면 소리치며 화를 냈습니다. 놀리는 건 더 참지 못했죠. 담임 선생님마다 "아이가 한 성질 한다"고 공인하셨습니다. 그런 일이 있을 때마다 저희는 지적도 하고 야단도 쳤습니다. 아이의 미래가 걱정되었기 때문입이다.

저희 아이는 누구를 때리거나 물건을 부순 일은 없지만 유연하고 온화한 성품은 아니었습니다. 저희 부부가 아이의 감정을 잘 보살피지 못한 책임이 있을 겁니다. 또 아이에게 차갑거나 공격적인 말을 더러 했던 것도 원인일 수 있습니다. 저희 부부는 아이의 민감한 성격 때문에 자책했으며 걱정도 깊을 수밖에 없었습니다.

저희 아이는 이제 대학생입니다. 둥글둥글한 성격이 되었냐고요? 조금 나아졌지만 거의 그대로입니다. 예민함이 그대로입니다. 그런데 달라진 게 있습니다. 성격 관리 능력이 생겼습니다. 친구들이나 선생님 앞에서는 '본색'을 감췄습니다. 고등학교 때 반장도 했고 대학에 들어가서 선배나 교수님과도 잘 어울립니다. 아이에게 상황에 따라 성격을 조절하고 통제하는 능력이 생긴 것입니다.

주변의 아이들을 봐도 비슷합니다. 초등학교에서 말을 한마디도 하지 않아서 부모 속을 끓인 한 아이는 고등학생이 되어서 친구들 앞에서 발표를 곧잘 했습니다. 또 선생님에게 무례하게 대들던 아이는 커서는 교수님의 사랑을 받습니다. 덜렁대서 물건을 잃어버리고 공부에 집중하기 어려웠던 어떤 아이는 필요할 때는 차분하게 자신을 컨트롤합니다. 다들 성격이 근본적으로 바뀐 것은 아닙니다. 집에 돌아오면 원래의 성격이 드러납니다. 하지만 집 밖에서는 다릅니다. 상황에 맞게 태도를 조절하고 인상을 관리합니다.

사람의 성격은 거의 변하지 않지만 성격 관리 능력은 무럭무럭 자라납니다. 때와 장소에 따라 성격을 다스릴 수 있다면 그것으로 충분하지 않을까요. 돌이켜보니 아이의 성격적 단점을 지나치게 염려할 필요가 없는 것 같습니다.

애초에 나쁜 성격은 없다

성격 좋은 사람이 성공한다는 말이 있지만, 그 통설도 의심할 만합니다. 성격이 원만하고 온화해야 성공하는 것은 아닙니다. 가령 큰 성공을 거뒀다고 말할 수 있는 국회의원들만 봐도 성격 나쁜 분들이 적지 않습니다. 큰 회사에서 성공한 사람들도 모두 성인군자인 것은 아닙니다. 성격이 나빠서 잘 살지는 않겠지만, 성격이 조금 모났다고 해서 인생이 망가지지 않는 것입니다.

사실 세계적으로 성공을 거둔 유명인 중에도 성격적 결함을 가진 사람이 꽤 많습니다. 애플사를 설립한 스티브 잡스가 대표적이죠. 그는 자신의 혼외 딸을 공공연히 자기 딸이 아닌 양 부정해서 가족에게 큰 상처를 줬습니다. 뿐만 아니라 마음에 들지 않는 사람에게는 거침없이 독설을 퍼부었습니다. 또 위대한 정치가 에이브러햄 링컨은 친구들이 자살을 걱정할 정도로 젊은 시절부터 몹시 우울한 성격이었습니다. 천재 물리학자 아이작 뉴턴도 남을 험담하고 갈등을 빚는 것으로 유명한 인물입니다.

나쁜 성격을 딛고 성공한 입지전적 인물들이 있다고 말하려는 게 아닙니다. 나쁜 성격이 애초에 없을지도 모른다는 이야기를 하려고 합니다. 얼핏 나쁜 성격처럼 보이더라도 사실은 보석 같은 개성일지도 모릅니다.

가령 분노에 대해서도 긍정적 해석은 얼마든지 가능합니다. 아이가 화가 많다면 원칙이 뚜렷하고 가치도 확고하다는 뜻이 됩니다.

가령 서로 존중해야 한다는 믿음이 강한 아이는 차별에 분노하게 됩니다. 성실한 삶이 의무라는 신념을 갖게 된 아이는 게으른 자신에게 화를 느끼게 될 것입니다. 화가 많은 아이가 반드시 나쁜 아이는 아닌 것입니다.

또 걱정이 많은 아이는 일을 더 잘하려는 열망이 강하다고 높이 평가할 수 있습니다. 아이 성격이 급하다면 의욕이 높고 성취 열망이 크다는 뜻도 됩니다. 이렇게 진취적인 아이가 조금만 차분해지면 큰일을 해낼 수 있습니다.

반대로 느린 아이는 조심성이 많고 치밀한 성격이라고 할 수 있습니다. 많은 일을 못해도 완벽하게 일처리를 할 수 있습니다. 또 사교적이지 않은 아이를 긍정하는 것도 어렵지 않습니다. 사실 친구가 많으면 피곤하고 우정도 표피적일 수 있습니다. 소수의 좋은 친구와 진정한 우정을 나누며 지내도 좋은 인생입니다. 그렇게 보면 완전히 나쁘기만 한 성격은 없습니다.

나쁜 성격이 아이 인생을 망친다는 건 오해입니다. 아이들은 자기 성격을 관리할 능력을 키우게 됩니다. 또 성격적 단점이 실은 장점이기도 해서 성공과 행복을 가져오는 것도 얼마든지 가능합니다. 그러니 부모는 이런 말을 하지 말아야 합니다.

"너는 성격이 나빠서 큰일이다."
"이런 성격이면 친구도 못 사귀고 사회에 적응도 못 한다."

아이에게 겁을 주는 말입니다. 아이가 자기 존재를 싫어하게 만드는 언설입니다. 반대로 말해야 합니다. 아이의 장점도 적극적으로 알려주고, 또 성격을 관리만 해도 얼마든지 사회생활을 잘 해낼 거라고 자신감을 심어주는 부모가 현명한 부모입니다. 가령 이렇게 말할 수 있다면 아이가 자신을 긍정하는 데 큰 도움을 받을 수 있죠.

"성격은 얼마든지 바꿀 수 있어. 네가 너의 어떤 부분이 싫다면, 노력하면 되는 거야."
"너의 이런 점을 오히려 누군가는 장점으로 봐주고, 분명히 좋아하게 될 걸!"

자신을 긍정하는 데서 더 나아가 당당해지도록 가르치는 것도 좋겠습니다. 당당하게 자신을 변호하는 멋진 모습을 저희는 TV 드라마에서도 봤습니다.

「동백꽃 필 무렵」에서 엄마가 딸 동백이에게 핀잔을 줍니다. 행동이 세련되지 않고 볼품이 없다는 것이었습니다. 그러자 동백이 이렇게 응수합니다.

"찌질해도 어떡해? 그게 난데 별 수 없지, 뭐."

동백이는 자신의 찌질한 성격을 부끄러워하지 않습니다. 싫어하지도 않았고 억지로 뜯어고칠 생각도 없습니다. 대신 이해하고 인정합니다. 동백이는 자신을 그대로 사랑하고 받아들입니다. 대단히 멋있는 삶의 태도 아닌가요.

모두 인정받고 싶어 합니다. 존중을 원치 않는 사람은 하나도 없습니다. 그런데 자신의 성격, 처지, 철학, 라이프 스타일을 가장 먼저 누가 존중해야겠습니까. 바로 자신입니다.

자기 긍정이 행복의 기본 조건입니다. 물론 자기 단점의 객관적 평가도 꼭 필요합니다. 때로는 부모의 질책이 발전을 견인하듯이 아이의 자기 회의도 성장의 계기가 됩니다. 하지만 자기 부정은 짧고 얕아야 합니다. 길고 깊어야 하는 것은 자기 긍정입니다. 가끔 반성하면서도 자신을 내내 깊이 이해하고 사랑하는 아이가 삶의 기쁨을 만끽할 수 있습니다. 실은 모든 부모도 그런 아이가 되고 싶었을 겁니다.

친구보다 열등하다고 괴로워한다면

"남과 같을 필요는 없어"

아이들은 초고도 경쟁 사회를 살아가게 될 것입니다. 경쟁이 치열할수록 이기는 기술도 필요하겠지만, 마음의 고통을 피하는 기술도 키워야 합니다.

우열 비교가 못 견딜 고통을 줍니다. 열등감은 괴로운 미움을 낳습니다. 내가 못나 보이게 만드는 그를 깊이 미워하게 됩니다. 그렇다고 우월감이 행복인 것도 아닙니다. 우월함을 끝없이 증명해야 하는 삶도 역시 괴롭습니다.

많은 부모가 사랑하는 아이를 우열의 마음 지옥으로 빠트립니다. 우열 대신에 다름의 가치를 알려주는 게 옳습니다. 모든 사람은 다를 뿐이니까 각자의 방식대로 행복하면 됩니다. 비교하지 않는 마음이 초고도 경쟁 사회를 사는 아이들의 진정한 경쟁력이 될 것입니다.

비교하지 않으면 열등감도 없다

예를 들어서 남보다 열등하다면서 괴로워하는 아이를 어떻게 위로할 수 있을까요?

"국어 성적이 친구들보다 낮게 나왔어요. 난 바보예요."

(1) "그러니까 공부를 열심히 했어야지. 답답하다."

(2) "시험을 잘 봐야 좋긴 하지만 넌 바보가 아니야. 왜 네가 바보라고 생각하니?"

아이 성적이 나쁘면 엄마 아빠가 화가 납니다. (1)이라고 말하며 혼내고 싶어집니다. 그래도 꾹 참고 (2)라고 말하는 게 좋습니다. 시험 성적이 낮더라도 아이가 절대 바보인 것은 아니라고 말해줘야 하는 것이죠. 아울러 아래와 같이 덧붙인다면 더 좋을 것입니다.

"넌 바보가 아니야. 너는 남들과 다를 뿐이야. 사실 모든 아이는 다르다. 아이마다 지적인 성장 속도도 달라. 어떤 아이는 일찍부터 국어를 잘하지만 어떤 아이는 늦게 국어 실력이 오를 수도 있어. 걱정 말고 공부에 집중해. 너는 곧 잘하게 될 거야."

사람은 모두 특별하고 고유한 존재입니다. 내가 남과 다른 존재라고 생각하면 행복에 가까워집니다. 다르니까 비교할 수도 없고, 비교하지 않으면 열등감 같은 것을 느끼지 않아도 되기 때문입니다.

또 다른 예로, 애를 썼는데도 농구 실력이 늘지 않아서 좌절한 아이에게 뭐라고 말해주면 좋을까요? "너의 노력이 부족해서 그런 거다"라고 말하면 현명한 부모는 될 수 없습니다. 대신 "사람마다 개성이 있고 특별함이 있다"고 말해주는 게 더 좋습니다.

> "모든 사람은 다 다르다. 어떤 아이는 농구를 잘하고 어떤 아이는 좀 못하는 거야. 잘하는 아이에게 박수를 보내줘. 농구를 못하는 아이도 있어. 그건 부끄러운 일도 아니고 놀려서도 안 되는 거야. 농구 실력에 상관없이 모두 즐기면 그만이야."

초등학교에서 학년만 올라가도 온갖 종류의 치열한 경쟁이 시작됩니다. 그러니 아이를 열등감으로부터 보호하기 위해 각별히 노력하는 것이 좋겠습니다. 열등감은 사람을 비참하게 만드는 나쁜 감정이니까요.

우월감 대신 정신적 독립을 이루도록

그런데 우월감도 문제라고 봅니다. 아이가 선망에 중독되지 않도록 가르치는 게 좋습니다. 예를 들어서 친구들이 부러워해서 기쁘다는 아이에게 필요한 조언은 무엇일까요?

"아이들이 전부 내가 부럽대. 공부도 잘하고 예뻐서."

(1) "정말? 엄마도 기분이 좋은데."

(2) "정말? 아이들이 너의 진가를 이제야 아는구나. 그런데 남이 부러워하건 말건 그건 중요하지 않아. 넌 너 자체로 아주 훌륭한 아이야."

(1)처럼 반응하는 부모가 많습니다. 아이가 선망의 대상인 걸 부모도 덩달아 기뻐하는 것이죠. 그 기쁨의 표현에는 함축이 있습니다. '우월감이 좋은 것'이라는 메시지가 숨어 있는 것이죠.

(2)는 다릅니다. 남들이 부러워하거나 말거나 중요하지 않다고 일러주고 있습니다. 숨은 뜻은 '우월감을 경계하라'는 것입니다.

우월감에 빠지면 못되지기 쉽습니다. 우월감의 이면에 멸시의 마음이 있기 때문입니다. 자아도취에 빠지면 주변 사람이 모두 열등해 보입니다. 또 친구나 동료에게서 열등함의 증거를 찾으려고 혈안이 될 수도 있습니다. 이래서야 건강한 친구 관계가 형성되기 어렵습니다. 나르시시스트는 외롭습니다. 우월감을 키워주면 아이가 결국 외로워집니다. 부모로서는 해서는 안 되는 일입니다.

우월감에 빠지면 악할 뿐 아니라 약한 사람이 되기 쉽습니다. 우월감은 남에게 의존하는 마음이기 때문입니다. 누군가 나를 부러워해줘야만 나의 우월감이 유지되니까, 사실 남에게 종속된 존재가 되는 것입니다. 남의 호평을 갈구하는 아이는 주인이 아니라 노예입니다. 자녀에게 지나친 우월감을 키워준다는 건 남에게 종속된 삶을 살도록 이끄는 것과 같습니다. 이 대신에 아이에게 정신적 독립을 고무하는 말을 많이 해줘야 합니다.

"친구들이 부러워한다고? 신경 쓰지 마. 너만 좋으면 되는 거야."
"친구들이 부러워하지 않는다고? 그러면 어때? 너만 좋으면 되는 거야."
"남들의 평가보다 너의 평가가 100배는 더 중요해."

정신적으로 의존하지 않는 아이가 건강합니다. 자신의 판단을 소중히 생각하고, 혼자 있어도 기분 좋은 아이가 더 행복합니다. 남의 선망에 아이가 중독되지 않도록 지켜줘야 현명합니다.

사람은 우열을 따질 수 없다는 걸 가르치는 교육이 이전보다 요즘에 훨씬 중요해졌습니다. SNS의 시대이기 때문입니다. SNS는 행복 과시의 무대입니다. 자신이 얼마나 행복하고 아름답게 사는지 자랑하는 사진이 SNS에 가득합니다. 친구의 부러움을 더 많이 얻으려는 경쟁이 이전 세대에도 있었지만, 요즘 아이들이 겪는 24시간 지속 경쟁의 강도에 비하면 아무것도 아닙니다. 그러니 아이에게 내성을 길러주는 것이 꼭 필요합니다. 아이가 우월감과 열등감 모두를 유치한 감정이라고 여긴다면 그보다 더 좋을 수는 없을 겁니다.

공부도 SNS처럼 우열의 경쟁을 일으킵니다. 많은 아이들이 남보다 우월하기 위해서 공부하고, 성적이 낮은 아이는 쓰디쓴 열등감에 시달립니다. 공부는 전교 1등에서 전교 꼴찌까지 모두가 괴로운 고통의 경쟁이 되어버렸습니다.

남을 신경 쓰지 않아야 공부에 집중할 수 있습니다. 우월감과 열등감에서 완전히 자유로울 수는 없지만, 거리를 두는 것은 가능하니까요. 어찌 보면 자신만을 위한, 자기만족의 공부를 지향해야 고통이 줄고 결국에 성적이 오릅니다.

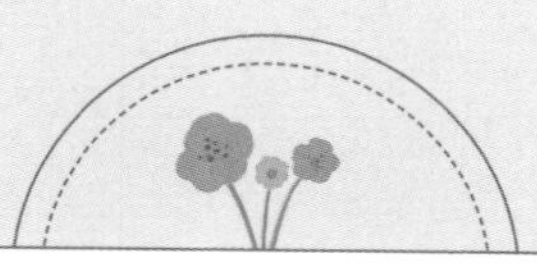

관계 해결을 돕는

부모 말투

"선생님들이 그럴 때가 있지. 어떤 일이 있었어?"

"선생님도 틀릴 수 있어. 선생님도 엄마 아빠처럼 평범한 사람이니까 완벽할 수는 없는 거야."

"야구 심판이 스트라이크를 볼로 착각할 때가 있잖아. 선생님도 오해할 때가 있는 거야. 실수하는 엄마 아빠를 용서하듯이, 실수하는 선생님도 너그럽게 이해하는 게 좋아."

"싫으면 싫다고 말해야 해. 뭐든 다 좋다고 말하는 천사가 되지 마라."

"누구에게도 강요할 권리는 없다. 강요는 나쁜 것이야. 너도 남에게 강요해서는 안 돼."

"너의 이런 점을 오히려 누군가는 장점으로 봐주고, 좋아하게 될 걸!"

"걱정 말고 공부에 집중해. 너는 곧 잘하게 될 거야."

"친구들이 부러워한다고? 신경 쓰지 마. 너만 좋으면 되는 거야."

"넌 너 자체로 아주 훌륭한 아이야."

"남들의 평가보다 너의 평가가 100배는 더 중요해."

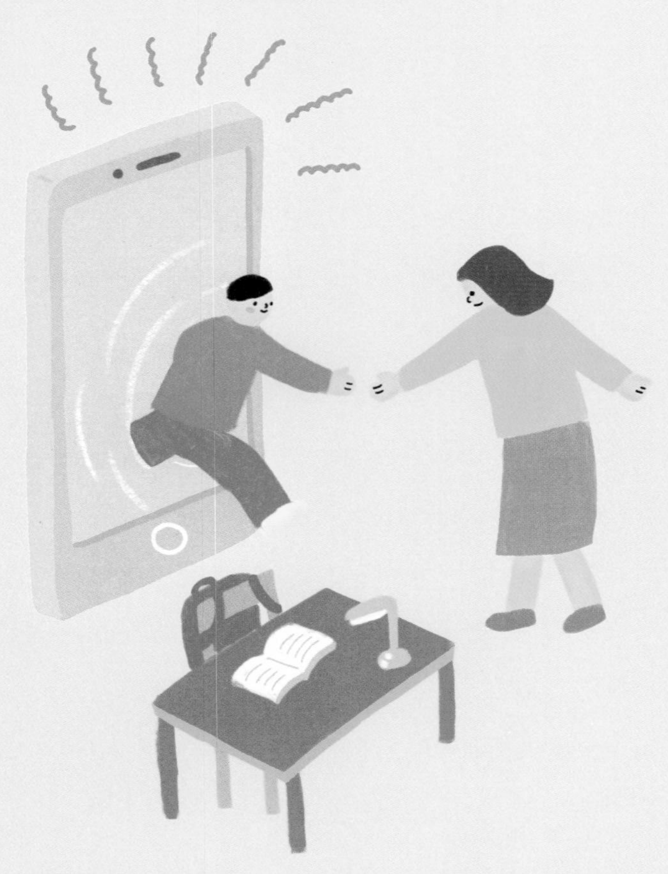

3

집착 해소

스마트폰,
외모에 집착하는
우등생은 없다

불안하다는 건 두 가지 생각이 마음에 들어왔다는 뜻입니다. 첫 번째로 위험을 과대평가하는 생각입니다. 엄청나게 나쁜 일이 일어날 거라고 과장하는 것이죠. 두 번째는 자신의 대응 능력을 과소평가하는 것입니다. 나쁜 일을 막을 능력이 자신에게 쥐꼬리만큼도 없다고 믿는 것입니다. 그 두 생각이 화학적으로 섞이면 거대한 파도 앞에서 작은 배를 탄 듯이 감당하기 힘든 불안을 느끼게 됩니다. 뒤집으면 해법이 나옵니다. 그 두 가지 생각을 완화해 주면 불안도 줄일 수 있는 것이죠.

스마트폰을 끼고 사는 아이에게

"스마트폰은 아주 이기적인 녀석이야"

아이와 스마트폰을 떼어놓는 것이 가능할까요? 가능하지도 않을 뿐더러 좋은 일도 아닙니다. 아이에게 스마트폰은 '절친'과도 같아서 헤어지기 어렵습니다. 또 스마트폰이 없으면 이 시대의 문명과 인간관계 기술을 배울 수 없으니 빼앗지도 말아야 합니다.

하지만 거리를 유지할 능력은 가르쳐야 합니다. 필요할 때마다 스마트폰을 멀리할 수만 있어도 훌륭합니다. 그런 능력을 길러주기 위해서는 스마트폰의 정체를 상세히 알려주는 게 필요합니다.

알다시피 스마트폰에 과몰입하는 아이들은 덜 움직이고, 덜 생각하고, 덜 읽고, 덜 잡니다. 또 스마트폰에서는 쓰라린 경험도 하게 됩니다. 친구에 대한 선망이나 이유 모를 열등감이 스마트폰을 통해 일어납니다. 따돌림이나 놀림을 당하는 경우도 종종 있습니다.

그런데 월등히 큰 문제가 일어날 수도 있습니다. 스마트폰은 아이들의 심각한 우울증과 깊은 상관관계가 있습니다. 2017년 미국 샌디에이고 대학교 심리학과 교수인 진 트웬지Jean M. Twenge가 놀랄 만한 연구 결과를 발표해서 주목을 받은 적이 있어요.•

결론은 스마트폰 등 스크린 미디어를 하루 5시간 이상 사용하는 10대의 48%가 자살 위험 요소를 갖고 있다는 것이었습니다. 즉 불행감이 높았고 우울했으며 자살을 이상화했고 일부는 자살 시도 경험도 있었다는 겁니다. 하루 2시간 이용자의 경우 그 비율이 33%였습니다.

물론 스마트폰이 원인이 아닐 수 있습니다. 스마트폰이 우울을 유발한 게 아니라 원래 우울했던 10대들이 스마트폰을 많이 쓰기 때문에 나타나는 현상일 수도 있습니다. 그럼에도 우려스러운 것은 어쩔 수 없습니다. 특히 SNS 스트레스가 10대들의 정신 건강을 위협한다는 주장이 여러 연구 사례에서 강조되고 있습니다.

스마트폰을 쓰는 아이들의 불안

스마트폰으로 SNS 활동을 하는 아이들은 어떤 고통을 받을까요.

• 「Clinical Psychological Science」에 실린 논문의 제목은 "Increases in Depressive Symptoms, Suicide–Related Outcomes, and Suicide Rates Among U.S. Adolescents After 2010 and Links to Increased New Media Screen Time"입니다.

미국 하버드 교육대학원의 온라인 공개 글 "소셜 미디어와 10대의 불안"을 보면 알 수 있습니다.*

SNS를 활용하는 10대들은 아래와 같은 경우 스트레스를 느낀다고 합니다.

(1) 자신이 초대받지 않은 이벤트에 대한 포스트를 봤을 때
(2) 자신에 대한 긍정적이고 매력적인 콘텐츠를 꼭 올려야겠다고 느낄 때
(3) 자신의 포스트에 댓글이나 '좋아요'를 반드시 얻고 싶을 때
(4) 누군가 나에 대한 안 좋은 내용을 포스팅 했을 때

10대의 SNS 사용자는 스트레스를 넘어서 큰 불안에 휩싸일 때도 많습니다.

(1) 친구의 사진에 빨리 응답하지 않으면 친구가 나를 버릴 것 같은 불안감
(2) 최근에 올라온 포스팅을 보지 않으면 다음날 학교에서 대화에 끼지 못할 것 같은 불안감
(3) 스마트폰이 조금만 멀리 있어도 누군가 훔쳐보거나 친구 메시지를 놓칠 것 같은 불안감

---

* www.gse.harvard.edu의 "Social Media and Teen Anxiety"의 일부를 인용합니다.

즉 아이들은 스마트폰과 SNS를 통해 큰 즐거움도 얻지만 불안감, 조바심, 긴장감 등에 시달리기도 하는 것입니다. 어른들도 다 겪는 감정이지만 아이들이 정서적으로 여리다는 걸 생각하면 큰 문제입니다.

가장 좋은 것은 완전한 분리입니다. 마음 같아서는 스마트폰과 아이를 영영 떼어놓고 싶어도 현실적으로 불가능합니다. 그러니 완전한 분리 대신에 아이와 스마트폰 사이에 거리를 만드는 게 목표여야 합니다.

우선 이용 시간을 제한해서 자녀와 스마트폰이 자주 떨어지게 만들어야 합니다. 제한의 원칙에 대해서는 여러 주장이 있지만 여기서는 미국 소아과협회 AAP의 지침을 소개하겠습니다. 스마트폰과 TV를 포함한 스크린 미디어의 사용 시간을 연령에 따라 통제하라고 AAP는 권합니다.

- **18개월 이하**

이 시기에는 스마트폰과 TV는 원칙적으로 금지하는 것이 좋습니다. 다만 영상 통화나 대화 정도는 괜찮습니다.

- **18~24개월**

고급 프로그램에 한해서 시청을 허용합니다. 다만 부모가 함께 보면서 화면 속 상황이나 사물에 대해 설명해 주는 것이 필요합니다.

- **2~5세**

하루 1시간으로 제한합니다. 역시 부모의 동시 시청이 꼭 필요합니다. 내용의 이해를 돕는 것도 좋고, 미디어에 나오는 단어와 표현에 대해서 설명해 주면 교육 효과가 높아집니다.

- **6~12세**

미디어 이용 시간을 일관되게 관리하는 것이 좋습니다. 스마트폰, 컴퓨터, TV 등 매체의 종류별로 활용 시간과 방법을 미리 정합니다. 무엇보다 충분한 수면과 육체적 활동이 방해받지 않도록 확실히 규칙을 정하는 것이 필요합니다.

- **12세 이상**

미디어 프리 타임을 아이와 부모가 함께 정합니다. 식사 시간이나 대화 때는 미디어 활용을 금지하는 것이죠. 이 규칙은 당연하게도 부모와 아이 모두에게 적용되어야 합니다. 또 침실 등을 스크린 프리 장소로 정하는 것이 필요합니다. 그 모두 지시가 아니라 설득을 통해 결정하는 게 원칙입니다.

IT 산업의 상징인 빌 게이츠도 자녀의 스마트폰 사용에 엄격했습니다. 아이들이 14살이 되기 전에는 스마트폰을 아예 불허했다는 것은 유명한 일화입니다. 그 정도까지는 못하더라도 자녀의 스마트 매체 이용 시간을 일관되게 제한하는 것은 IT 시대 부모의 과제입니다.

그런데 통제에 앞서 대전제가 있습니다. 이해하려 해야 합니다. 자녀에게 스마트폰이 갖는 의미를 알고 인정하는 부모가 좋은 전략가가 될 수 있습니다. 이해가 전제되어야 갈등 없이 따뜻하게 통제하는 게 가능한 것입니다.

스마트폰은 아이들에게 특별한 물건입니다. 적어도 세 가지 이유가 있습니다.

첫째, 아이에게 스마트폰 이용은 중요한 사회 활동입니다. 부모 세대에게는 주로 직접 대면이 사회 활동의 방법이었습니다. 교실과 운동장에서 친구를 직접 만나서 이야기 나누고 관계를 만들었던 것입니다. 하지만 지금은 스마트폰 속에서 사회 활동이 이루어집니다. 스마트폰은 아이들에게 교실이고 운동장입니다.

둘째, 아이의 스마트폰 이용은 성장의 증거입니다. 스마트폰은 한 사람이 사용하는 사적인 기기입니다. 스마트폰 속 세상은 부모나 선생님의 간섭을 받지 않는 아이만의 공간인 것이죠. 스마트폰 사용은 아이가 디지털 독립을 이루었다는 걸 증명합니다.

셋째, 스마트폰은 아프고 지친 아이에게 위안이 됩니다. 부모 세대가 라디오나 MP3 플레이어에서 위안을 받았다면 이제는 그 역할을 스마트폰이 대신합니다. 스마트폰 속의 대화는 마음의 상처를 낫게 하는 치료제가 될 수 있습니다.

그렇게 긍정적으로 생각해 주면 자녀와의 갈등이 줄어들거나 약화될 것입니다. 하지만 스마트폰이 아무리 고마워도 절제하지 않으면 해롭다는 사실은 변하지 않습니다. 좋은 치료제를 과다 복용하면 위험한 것처럼 말입니다.

전문가들이 권하는 단기·장기 대책

스마트폰을 건강하게 쓰게 하려면 설득에 성공해야 합니다. 국내외 전문가들의 의견을 종합해 보면 설득 작전은 단기와 장기로 나눌 수 있습니다. 먼저 단기 처방입니다.

첫째, 스마트폰이 이기적인 기계라는 것을 알려줍니다. 스마트폰은 사람을 사랑하는 기계가 아닙니다. 대신 자기 욕심을 채우는 게 스마트폰의 일차적 본성인데, 여기서 자기 욕심이란 주목받기입니다. 스마트폰은 사람의 관심을 빨아들이려고 집요하게 시도합니다. 대표적인 술책이 SNS 알림 기능입니다. 재미있는 일이 있으니까 빨리 스마트폰을 켜라고 독촉하는 게 알림 기능의 역할입니다. 성적이 떨어지거나 주의력을 잃거나 잠을 못 자거나 말거나 스마트폰은 신경 쓰지 않습니다. 주목받고 싶은 제 욕심만 채우려고 합니다. 특히 아이의 집중력을 끊어내고 정신 건강을 앗아가는 스마트폰의 알림 기능은 꺼놓거나 최소한 오프 상태로 해놓는 것이 좋습니다.

둘째, 자율적으로 사용 규칙을 정하게 해야 합니다. 운전자가 교통 규칙을 지키듯이 스마트폰도 사용 규칙을 따라야 쓸 수 있다고 분명하게 인지시키는 게 필수입니다. 그리고 아이 본인이 주도적으로 사용 규칙을 정하는 게 좋습니다. 자신이 자율적으로 정한 규칙은 어기기 어려우니까요.

셋째, 신중해야 한다는 걸 가르칩니다. 스마트폰으로 글을 쓰고 사진을 올릴 때 타인의 반응을 예상한 후에 결정을 내리도록 합니다. 상처를 주거나 피해를 입혀서는 안 됩니다. 스마트폰을 이용한 활동이 예의 바르고 경우에 맞아야 한다는 걸 알려줍니다.

넷째, 걱정과 불안을 경계해야 합니다. 앞서도 소개했듯이 아이들은 SNS를 하면서 큰 걱정과 불안을 느낍니다. 그런 걱정과 불안이 과장이라는 걸 꾸준히 말해주는 게 부모의 역할입니다. 친구 포스팅에 조금 늦게 답해도 친구가 이해할 것이고, 어떤 콘텐츠를 못 보더라도 소외되지 않으며, '좋아요'를 적게 받아도 해롭지 않다고 설득하는 것입니다. 불안과 걱정이 줄어들면 스마트폰의 해악도 줄어들게 됩니다.

위의 단기 처방을 종합해 다음과 같이 아이에게 말해줄 수 있겠네요.

"스마트폰은 친절한 친구 같지만 사실 이기적이지. 끊임없이 자기에게 관심을 가져달라고 하고, 자기 욕심만 채우잖아. 최소한 우리 알림 기능은 꺼놓자. 그게 힘들다면 오프 상태로 해놓는 것이 좋

아이 본인이 주도적으로
사용 규칙을 정하는 게 좋습니다.
자신이 자율적으로 정한 규칙은
어기기 어려우니까요.

겠어.”

“너 스스로 스마트폰 사용 규칙을 정해서 책상 앞에 붙여놓으면 어떨까?”

“SNS에 글을 쓸 땐 이것을 볼 상대의 마음이 어떤지 생각해야 해. 그 친구가 상처를 받으면 안 되거든. 서로 누가 누구인지 다 보이지는 않지만, 그래서 더욱 예의를 갖춰야 해.”

“친구가 답을 늦게 해도 걱정하지 마. 어떤 게시물을 늦게 보거나 못 본다고 해도 큰일 나지 않고, ‘좋아요’를 적게 받는다고 해도 네가 소중한 것은 절대 변하지 않아.”

스마트폰 사용 교육의 장기적 목표도 있어야 합니다. 당장은 아니더라도 몇 개월 혹은 1년 후에는 아이가 정신적으로 스마트폰의 주인이 되도록 길을 미리 조금씩 닦는 것입니다.

첫째, SNS에 대한 비판적 태도를 길러주는 게 좋겠습니다. SNS에 올라온 스토리와 사진 등이 진실만은 아니라는 걸 깨우친 아이는 마음이 튼튼해집니다. 가짜 이미지를 부러워하지 말고 자기 삶에 충실한 사람이 돼라고 독려해야 합니다.

둘째, 절제의 미덕을 알려줍니다. 스마트폰은 즐거운 매체입니다. 하지만 절제하지 않으면 해악이 이득을 넘어서게 됩니다. 스마트폰 사용 시간을 스스로 조절하면서, 아이가 자기 절제의 미덕을 깨닫게 되리라 기대해도 될 것입니다.

셋째, 세상에 좋은 사람만 있지 않다는 걸 주지시켜야 합니다. 특히 모바일 세상에는 편견을 퍼뜨리는 사람, 비윤리적 주장을 펴는 사람, 남을 이용하는 사람 등 악한 이들이 적지 않으니 주의해야 한다는 걸 아이가 알아야 합니다. 스마트폰을 통해서 세상과 소통하는 아이들에게는 필수 지식입니다.

넷째, 독서의 중요성을 알려줍니다. 스마트폰을 쓰는 아이들은 표현력 부족을 절감하게 됩니다. 글을 많이 읽은 사람이 SNS와 메신저에 기발하고 설득력 높은 글을 남길 수 있습니다. 스마트폰 이용이 독서의 중요성을 깨닫는 계기가 된다면 그보다 더 좋은 시나리오가 없을 것입니다.

장기 목표를 종합해 아이에게 이렇게 말해줄 수 있겠네요.

"SNS에 올라온 글은 믿을 게 못 돼. 신문이나 책 등은 여러 사람이 검증한 결과인데, SNS는 그렇지 않은 경우도 많아. 그러니까 모두 진실이라고 생각하면 안 돼."

"스마트폰 사용 시간을 매일 정해놓고 실천해 볼까? 이걸 조절할 수 있다면 멋진 아이지."

"SNS 안에는 좋은 사람만 있는 건 아니야. 악한 마음을 먹고 접근하는 이들도 있으니 주의해야 해."

"책을 많이 읽은 사람이 SNS에서도 좋은 글을 쓸 수 있다. 그래서 SNS에 좋은 글을 쓰려면 글을 많이 봐야 해. 어때? 이 책 한 번 펴볼까?"

아이가 스마트폰과 SNS를 끊게 하는 건 불가능합니다. 앞서 말했듯이 스마트폰과 아이 사이에 거리를 확보하는 걸 목표로 삼는 게 현실적입니다.

첫 번째는 물리적 거리입니다. 스마트폰을 끄고 떨어져 있는 시간이 꼭 필요합니다. 온종일 밀착하는 것은 허용할 수 없습니다. 두 번째로 아이와 스마트폰의 심리적 거리도 필요합니다. 스마트폰이 고마운 친구이지만 동시에 해로운 물건이고, 기쁨도 주지만 우울과 불안도 일으킨다는 것을 아이가 알아야 합니다. SNS에 대한 비판적 생각을 가르치는 것도 중요합니다. 그렇게 이중의 거리가 확보된다면 스마트폰이 아이의 건강한 삶을 방해할 수 없게 될 것입니다.

외모에 집착하는 아이에게

"못생겼다는 증거가 있니?"

아이들은 초등학교 저학년 때부터 외모 문제로 고민합니다. 얼굴 생김새와 키와 체중 때문에 그 작고 어린 아이들이 일찍부터 내적 고통을 받습니다. 서구에서는 더 심한 것 같습니다. 2016년 영국의 유아·아동 보육 전문가 협회PACEY가 회원을 대상으로 연구했는데, 답변자의 24%는 3~5세 어린이도 신체에 대한 고민을 한다고 답했습니다. 그런데 외모 고민의 시작 시점보다 중요한 문제가 있습니다. 아이들의 외모 고민은 커갈수록 더욱 깊어진다는 것입니다.

외모에 집착하는 아이가 공부를 잘하기는 무척 어렵습니다. 물론 성적만 문제인 것은 아닙니다. 사람과 아름다움에 대한 가치관도 왜곡될 우려가 큽니다. 외모 집착에서 시급히 아이를 구해내야 할 텐데, 전문가들이 추천하는 가장 주효한 방법은 외모의 가치를 상대화하는 것입니다. 다시 말해서 외모 이외에도 중요한 가치가 많다는 걸 일깨워줘야 한다는 겁니다.

예를 들어 외모 치장에 시간을 많이 보내는 아이가 있습니다. 부모는 답답하고 안타까워지겠죠. 아이에게 어떻게 말해야 할까요?

(1) "예뻐 봐야 아무 소용 없어. 공부만 잘하면 돼."

(2) "너는 예쁘기만 한 게 아니야. 내면도 아름다워. 완벽한 아이야."

(1)은 외모의 가치를 전면 부정하는 말인데 틀렸습니다. 사람에게 성적뿐 아니라 외모도 의미가 큽니다. 이런 비논리적 억지는 아이에게 불신만 부릅니다.

(2)가 추천할 만합니다. 내면도 아름답다는 칭찬은, 외모 절대주의를 은근하게 공격합니다. 칭찬을 들은 아이는 기분이 절로 좋아질 테고 잠시 후 생각하게 될 것입니다. '나의 내면에 어떤 아름다움이 있을까?'라고 말입니다. 자신의 내적 매력이나 장점을 하나라도 찾아낸다면 외모 고민에서 자유로워지는 계기가 됩니다.

자녀의 외모와 내면을 모두 칭찬하는 게 좋습니다. 어느 한쪽을 폄하하면 공감을 얻기 힘듭니다. 그런데 이런 양면 칭찬에도 규칙이 있습니다.

외모와 내면의 칭찬 비율은 1:2

영어권의 여러 육아 전문가가 조언하는 방법입니다. 외모와 내면 칭찬을 1:2 비율로 하라는 것입니다. 외모에 대해서 한 번 칭찬을 했으면 내면의 장점을 두 번 칭찬해야 한다는 것입니다. 아이가 내면의 가치를 더 크게 여기도록 하기 위해서입니다.

그 비율을 그대로 따를 필요는 없겠지만 중요한 제안인 것은 사실입니다. 부모님들은 마음속에 아이에 대한 칭찬 비율을 정해놓는 것이 좋겠습니다. 1:2여도 좋고 1:3이어도 상관이 없습니다. 원칙을 미리 확정하고 외모와 내면을 적정 비율로 칭찬하도록 조절해야 하는 것입니다.

그런데 내면을 어떻게 칭찬하냐며 난감해하는 부모들이 적지 않습니다. 관심이 없어서 그렇지 사실 아이의 내면을 칭찬하는 방법은 아주 많습니다. 예를 들어서 끈기 있게 공부하거나 책 읽는 모습에 감탄해 주면 됩니다. 또 공감 능력에 탄복하는 부모가 아이의 사회성을 높입니다. 그 외에도 창의성, 리더십, 배려심, 독립심 등 칭찬할 건 아주 많습니다.

칭찬 멘트의 예를 몇 가지 들어보겠습니다.

"너는 책을 읽거나 영화를 볼 때 집중력이 대단해. 감탄하게 되더라."

"너는 친구들에게 참 친절하더라. 큰 매력이야."

"정해진 시간에 TV를 끈 건 자제력이 높다는 뜻이야. 웬만한 어른보다 네가 낫다."
"네가 끓인 라면이 제일 맛있어. 너는 미각이 탁월한 것 같다."

칭찬은 행동을 강화합니다. 가령 집중력 칭찬을 들은 아이는 집중력이 더욱 강해질 확률이 높습니다. 또 자신은 자제력이 강하다고 자부하는 아이는 자기 통제력을 더욱 강화하는 데서 기쁨을 느끼게 될 것입니다.

이렇게 칭찬하면 내면의 장점이 강화되고, 외모에 대한 집착은 조금씩 줄어들게 됩니다.

외모 콤플렉스를 고치는 방법 몇 가지

그런데 칭찬만으로는 부족합니다. 더 치밀한 계획에 따라 애를 써야, 아이의 외모 콤플렉스를 줄일 수 있습니다.

요즘 아이들은 외모를 숭배하는 문화 속에 살고 있습니다. TV, 영화, 잡지는 물론이고 인터넷 사이트에서도 예쁘고 잘생기고 마른 사람이 이상화됩니다. 심지어는 장난감과 애니메이션과 그림책에서 유사한 경우가 많습니다. 아이들은 어릴 때부터 비현실적인 얼굴과 몸을 이상화하게 되어 있습니다.

미국의 작가 에밀리 로렌 딕Emily Lauren Dick은 이런 환경에서는 부모

가 세 가지 노력을 해야 한다고 주장합니다.[•]

첫째, 살찐 것은 나쁘지 않다고 말해줍니다. 깡마른 몸매만 이상화되는 사회에서는 건강하게 살찐 아이도 뚱뚱하다고 자기 비하를 합니다. 이런 환경에서 우리 아이들이 고통을 덜 받게 하기 위해서는 "모든 몸은 아름답다"는 걸 아이에게 가르치라고 작가 에밀리 로렌 딕은 권합니다. 이렇게 말해주면 됩니다.

"체중이 많이 나가는 사람은 지방이 많다. 그런데 지방은 아주 소중해. 에너지도 지방이 만들어내고 따뜻하게 몸을 지켜주는 것도 지방이 하는 일이야. 지방이 있기 때문에 사람이 살 수 있어. 그걸 다 빼려고 하는 건 아주 위험한 일이야."
"살이 찐 사람도 아름답고, 마른 사람도 아름다운 거야. 모두 소중하고 귀한 사람들이야."
"살이 쪄도 된다는 말은 아니야. 건강을 지키기 위해서 체중을 관리해야지. 다만 지나친 체중 감량은 오히려 건강을 해치고 자신을 고통스럽게 만든다."

둘째, 부모가 다이어트에 대한 이야기를 멈춰야 합니다. 부부가

• www.todaysparent.com에 실린 "Body image issues are affecting kids as young as 3—here's how to prevent them"을 축약하여 소개합니다.

서로를 "당신 너무 살쪘다"고 놀리면 그 말이 아이의 귀에 쏙 들어갑니다. "나도 날씬해졌으면 좋겠다"는 부모의 혼잣말도 아이에게 흡수되어 가치관으로 굳어집니다. 부모부터 다이어트에 대한 이야기를 멈출 필요가 있는 이유입니다. 또 연예인의 얼굴을 평가하며 부러워하는 것도 아이에게 이롭지 않습니다. 아이가 외모에 집착하고 외모 콤플렉스에 시달린다면 부모의 언어 습관을 돌아볼 필요가 있습니다.

셋째, 외모에 대한 올바른 가치관을 심어줍니다. 일단 연예인의 외모를 부각시키는 TV 프로그램은 피합니다. 잡지나 영화도 마찬가지입니다. 장난감과 책도 유심히 살펴봐야 합니다. 신체를 차별하는 내용을 담고 있는 콘텐츠를 피하고, 모든 몸이 아름답다고 주장하는 책을 골라서 아이에게 건네주는 게 좋습니다. 몸에 대한 건전한 가치관을 갖도록 아이를 가르치고 도와야 하겠습니다.

그 외에도 외모의 변화 가능성을 일깨워주는 것도 효과적입니다. 아이들은 자신이 성장 중이라는 것을 자주 잊습니다. 모든 아이들이 점점 예뻐지고 잘생겨지고 있는데 그걸 모릅니다. 기다리면 곧 더욱 빛나는 외모를 갖게 될 테니 걱정 말라고 아이들을 안심시킬 수 있습니다.

미의 주관성을 알려주는 것도 필요합니다. 사람마다 미적 취향이 다릅니다. 때문에 내가 최고 미남 혹은 최고 미녀가 아니더라도 나를 좋아할 사람은 분명히 있습니다. 세상의 엄마 아빠도 다들 그렇게 만났습니다. 생생한 현실을 증언해 주세요. 누구에게나 행복한 관계의 기회가 주어진다는 걸 알려주면 아이가 외모 집착을 줄이게 될 것입니다.

SNS 이야기가 빠질 수 없습니다. 요즘 아이들은 SNS를 통해서 외모를 경쟁하고 비교합니다. SNS의 내용은 과장되었다는 사실을 지적하는 게 기본이겠죠. 또 SNS의 예쁜 사진 덕분에 칭찬 댓글을 많이 받는 아이도 사실은 고충이 크다는 걸 일깨워주는 것도 필요합니다. 그 아이들은 예쁜 사진을 촬영하고 고르느라 몇 시간을 보냈을 것입니다. 또 감탄 댓글이 없어서 마음 아파하다가 결국 지워버린 사진도 적지 않을 겁니다. SNS 인기 스타도 보이지 않는 아픔이 있는 것입니다. SNS 인기를 좀 얻으려고 많은 시간, 에너지, 감정을 쏟아가면서 아파해야 할 필요가 있을까요. 아이에게도 그런 질문을 하면 좋겠습니다.

사실과 의견을 구별하도록 가르친다

아이의 외모 고민을 계기로 유용한 생각의 기술을 가르칠 수 있습니다. 바로 사실과 의견을 구별하는 법입니다. 사실과 의견의 구분은 논리학이나 심리학에서 중요한 주제입니다. 먼저 엄마들이 흔히 겪는 상황을 예로 들어보겠습니다.

아이에게 수학을 잘 가르치고 싶은데 뜻대로 되지 않아서 속상한 엄마가 있습니다. 어떻게 생각해야 할까요.

(1) '나는 수학을 가르치기 힘든 엄마다.'

(2) '나는 무능한 엄마다.'

(1)은 사실이지만 (2)는 의견에 불과합니다. (1)은 증거가 명확한데 반해서 (2)는 근거 없는 생각일 뿐입니다. 수학을 가르치기 힘든 것은 사실이지만 그것이 무능한 엄마의 확증은 아닙니다. 수학은 몰라도 책 읽기를 잘 가르치거나 따뜻한 말을 해준다면 유능한 엄마이니까요. '나는 무능한 엄마다'는 과장된 의견일 뿐입니다. (1)이라고 해야 맞습니다. 사실을 말해야 하는 것이죠. 근거 없는 의견에서 벗어나 사실을 말하면 엄마의 고통이 줄어듭니다.

아이의 경우도 똑같습니다. 예를 들어서 한 아이가 자신의 외모를 비하합니다. 어떻게 대응해야 할까요?

"내가 우리 반에서 제일 못생겼어요."

(1) "아니야. 네가 얼마나 잘생겼는데. 너는 최고 미남이야."

(2) "정말로 네가 가장 못생겼어? 증거가 뭐니? 증거도 없이 왜 그런 생각을 하니?"

(1)은 위로의 말입니다. 못생긴 얼굴이 절대 아니니까 힘을 내라

는 것입니다. 따뜻하기는 하지만 실질적인 도움이 되지 않습니다. 엄마가 과장된 응원을 해봐야 아이는 곧이곧대로 믿지 않을 테니까요.

(2)는 논리적 반박입니다. 네가 못생겼다고 말하는 증거가 뭐냐고 캐물었습니다. 이는 증거를 제시하기 어려울 겁니다. "가장 못생겼다"는 주장은 입증이 불가능합니다. 못생긴 정도를 수치로 측정할 수 없기 때문이죠. "내가 가장 키가 크다"는 말은 진위 판별이 가능하지만 "내가 가장 못생겼다"는 말은 입증이 불가능한 의견일 뿐입니다.

가령 아이에게 이렇게 말해주면 됩니다.

"너는 네가 가장 못생겼다고 말했어. 그런데 사실이 아니야. 아무 증거가 없기 때문이지. 네가 가장 추하다는 증거를 단 하나라도 댈 수 없어. 너 혼자만의 생각에 불과해. 멋대로 생각한 거지. 그런 엉터리 생각은 버려도 돼."

사실과 의견을 구분하도록 일깨울 때 아이가 외모 고민에서만 벗어나는 게 아닙니다. 그 외의 무수한 자기 비하의 습관을 고칠 수 있습니다.

아이들은 쉽게 자신의 가치를 부정합니다. "나는 나쁜 아이에요" "나는 무능력해요" "나는 앞으로도 공부를 못할 거예요"처럼 비관하는 아이가 적지 않습니다. 그 모든 비관에는 공통점이 있습니다. 증명할 수 없는 의견이라는 것입니다. 증거도 근거도 없습니다. 의견이 아니라 사실을 추종하라고 가르치면 아이의 불행감이 줄어들게 됩니다.

외모 문제로 고민하며 근거 없이 자기 외모를 폄하하는 아이에게는 강력한 논리적 공격이 필요합니다. 부모는 판단의 근거와 증거를 내놓으라고 요구해야 하는 것이죠. 요구는 강할수록 좋습니다. 외모에 대한 가치관이 자녀의 성적에도 영향을 미치기 때문입니다.

습관적 비관주의를 지우는 말

"네 능력을 과소평가하지 마"

"비관주의자는 어떤 기회에서도 어려움을 보고, 낙관주의자는 어떤 어려움에서도 기회를 본다."

영국의 정치가 윈스턴 처칠이 남긴 유명한 금언입니다. 낙관적인 사람이 삶에서 기회를 더 많이 찾아서 누립니다. 낙관성이 건강을 지키고 학습 지구력을 높인다는 주장도 있습니다. 흥미로운 사례를 소개하겠습니다.

도연이는 수도권에 있는 고등학교의 1학년 학생인데, 중학교 2학년 때 전교 1등에 올라서 가족과 친구와 선생님을 깜짝 놀라게 한 이력이 있습니다.

사람들의 눈이 휘둥그레진 것은 도연이가 중학교 1학년 때까지의 성적은 그다지 좋지 않았기 때문입니다. 성실히 공부했지만 성과가 크지 않았습니다. 몇 년 동안 성적이 상위권은 아니었던 도연이가 갑자기 성적이 오르니 주변에서 놀랄 수밖에요. 도연이는 고등학교에 올라가서는 등수가 조금 밀렸지만 그래도 여전히 상위권에서 속해 있습니다.

도연 엄마에게 아이를 공부 잘하게 키운 비결을 물어봤지만, 특별한 비결보다는 확고한 교육 원칙이 있었다고 했습니다. 그것은 낙관적인 태도를 심어주는 것이었습니다. 가령 이번 시험 성적이 낮게 나왔어도 다음 시험에는 성적이 반드시 오를 거라고 일러줬다고 합니다. 또 설사 1등을 못 하더라도 밝은 미래를 여는 게 얼마든지 가능하다는 확언도 잊지 않았습니다.

도연 엄마가 그런 육아 원칙을 세운 데는 이유가 있었습니다. 도연 엄마는 자신의 표현으로는 "좋은 대학은 근처에도 못 갔다"고 했습니다. 그리고 심한 공부 열등감에 시달리며 중고교를 다녔다고 했어요.

그런데 낮은 성적보다 더 괴로운 게 있었다고 합니다. 미래에 대한 두려움입니다. 항상 나쁜 일이 일어날 것 같은 걱정에 사로잡혀 있었다는 겁니다. 가령 시험 기간만 되면 이번 시험을 망칠 것 같은 두려움 때문에 마음이 조급해지고 집중도 불가능했다고 합니다. 인생에 대한 불안도 컸습니다. 학교 성적이 나쁜 자신은 초라하고 불행한 삶을 살게 될 거라 생각하며 무서워했습니다. 지금 생각해 보면 참 우습다고 도연 엄마는 말했습니다. 좋은 대학 근처에도 못 갔지만, 지금 아주 행복하고 즐거운 삶을 살고 있으니까 참 바보 같은 불안이었다는 겁니다.

도연 엄마는 자신에게 나쁜 일이 일어날 거라고 믿는 학생이었습니다. 무척 비관적이었던 것이죠. 도연 엄마의 부모님도 비관적인 편이었습니다. 자칫하면 자녀의 미래가 불행할 거라고 생각하면서 안절부절못했다고 합니다.

미래에 대한 불안 때문에 괴로웠던 도연 엄마는, 자식만큼은 다르게 키우겠다고 마음먹었습니다. 그래서 낙관주의를 가장 중요한 육아의 가치로 선택하게 된 것입니다.

낙관적인 아이가 지치지 않는다

도연이는 힘든 일이 있어도 곧 해결될 거라고 믿는 아이입니다. 성적이 떨어져도 "이제 끝났다"가 아니라 "이제 또 시작이다"라면서 신발끈을 매는 스타일입니다. 중학교 1학년 때까지 성적이 좋지 않았지만 자신의 미래를 낙관했으며 그 때문에 불안해하지 않았고 지치지도 않았습니다. 요약하자면 도연이 성적의 급상승 비밀은 불안을 이겨낸 낙관주의였던 것입니다.

실제로 낙관적인 태도가 성적을 올린다고 설명하는 연구자들이 있습니다. 호주의 한 심리학자는 인생을 낙관적으로 보는 학생이 비

관적인 학생보다 수학 점수가 높다고 주장하는 연구 논문을 발표한 적이 있습니다.[•]

또 미국 캔자스 대학의 연구팀은 6년 동안 자료를 근거로, 희망적인 태도의 학생이 더 높은 학점을 받는다는 걸 밝혀내기도 했습니다.[••]

반면 비관적인 아이가 공부에서 불리하다는 건 자명합니다. 포기가 빠른 것이 가장 문제입니다. 공부를 해봐야 좋은 성과가 없을 거라고 생각하니까 애쓰고 노력하지 않는 겁니다. 공부뿐만이 아니죠. 관계에도 약해서 한 번 싸우고는 친구와 쉽게 헤어집니다. 사이가 곧 회복되리라고 믿지 못하기 때문이죠. 또 새로운 운동이나 악기를 배우는 것도 두려워합니다. 재미도 없고 쓸모도 없을 거라고 미리 예단하기 때문입니다. 비관적인 태도는 삶 전체를 무기력하고 재미없게 만듭니다.

낙관적인 아이는 기회를 더 많이 누릴 수 있습니다. 윈스턴 처칠의 말처럼 어떤 어려움 속에서 기회를 발견하는 것이 낙관주의의 특성입니다.

물론 비현실적인 낙관주의는 문제입니다. 자신에게 언제나 좋은 일만 일어날 거라고 공상하는 아이는 노력하지 않습니다. 철없는 낙관

• 호주 플린더스 대학교의 셜리 예이츠(Shirley M. Yates)가 논문 "The influence of optimism and pessimism on student achievement in mathematics"에서 그렇게 주장했습니다.

•• 심리학자 찰스 스나이더(Charles R. Snyder) 등이 "Hope and Academic Success"라는 논문에서 주장한 내용입니다.

주의는 최악의 비관주의만큼이나 해로운 것입니다. 아이에게 현실적인 낙관주의를 가르쳐줘야 합니다. 그걸 부모가 해낼 수 있습니다.

비관주의적 생각의 두 가지 특성

그런데 우리 아이는 낙관적인가요, 아니면 비관적인가요? 그것을 판단해야 적절히 대응할 수 있습니다. 도움을 줄 연구자는 이 분야의 권위자인 마틴 셀리그먼Martin Seligman입니다. 그 심리학자는 비관주의와 낙관주의의 분명한 기준이 있다고 말합니다. 나쁜 일을 말할 때 '항상'과 '전부'라는 표현을 많이 쓰면 비관주의자입니다.*

먼저 '항상'에 대해서 이야기하겠습니다. 예를 들어서 어떤 아이가 실수로 시험 문제를 하나 틀렸다고 해보겠습니다. 이때 자신을 향해 말하는 방법은 두 가지입니다.

(1) "나는 항상 실수한다. 참 한심하다."

(2) "나는 이번에는 실수했다. 다음에는 같은 실수를 안 해야겠다."

(1)은 비관주의적인 반응입니다. 자신의 실수가 지속되고 있다고 생각합니다. '항상' 그렇다는 것입니다. (2)는 다릅니다. 자신의 실수

* 마틴 셀리그먼의 『Learned Optimism』 3장의 내용 중에서 우리에게 적합한 것을 간추려 소개합니다.

가 일회적이라고 믿습니다. 낙관적인 태도입니다.

비관적 아이와 낙관적 아이는 말이 다릅니다. 예를 들어보겠습니다.

비관적인 말	낙관적인 말
❶ 나에게는 매일 나쁜 일이 생긴다.	❶ 이번에는 운이 없었다.
❷ 걔는 나와 안 놀아준다. 언제나 그렇다.	❷ 걔가 요 며칠 나와 안 놀아준다. 사정이 있을 거다.
❸ 약속을 잊었다. 나는 항상 이렇다.	❸ 약속을 잊었다. 이번 주에 정신없이 바빴다.

아이가 하는 말의 패턴을 분석할 필요가 있습니다. '항상' 나쁜 일이 생긴다고 말하거나 '언제나' 운이 나쁘다고 말하면 비관적입니다. 그런 아이는 마음이 어둡습니다. 나쁜 일이 기다리고 있다고 생각하니까 불안하고 의기소침하게 됩니다. 도전이나 노력도 싫어하죠.

비관적인 아이는 불행의 지속성을 믿는 것과 달리, 낙관적이 아이는 불행의 임시성을 믿습니다. 나쁜 일은 이번뿐이며 곧 괜찮아질 거라고 생각하는 것입니다. 마음이 곧 밝아집니다. 도전하고 노력하면 더 좋아질 거라고 생각합니다. 낙관적인 아이가 발전 가능성이 큽니다.

비관적인 아이는 '전부'라는 표현도 많이 씁니다. 일부를 근거로 전체를 판단하는 과도한 일반화 습관을 갖고 있는 것입니다. 예를 들어서 친구들과 사이가 좋지 않아 속상한 아이가 있다고 해보겠습니다. 아이는 두 가지 생각을 할 수 있습니다.

(1) '친구들은 전부 나를 안 좋아해.'
(2) '그 아이는 나를 안 좋아해.'

(1)은 '전부' 자신을 싫어한다고 했습니다. 친구 한 명의 태도를 근거로 친구 전체의 마음을 판단했으니, 지나치게 일반화를 한 것입니다. 친구들 모두가 자신을 싫어한다고 비관적으로 생각하면 마음이 어두워집니다. 반면 (2)는 한 명이 자신을 좋아하지 않는다고 말했습니다. 친구 전체로 일반화하지 않았습니다. 비관적이지 않습니다. 기분이 조금 나쁘기는 하겠지만 금방 회복할 수 있습니다.

'전부'라고 말하거나 그 뜻이 함축된 말을 자주 쓰는 아이는 비관적입니다. 예를 더 들어보겠습니다.

비관적인 일반화	낙관적인 특정화
❶ 책은 전부 지루하다.	❶ 그 책은 지루하다.
❷ 여자 친구와 헤어졌다. 사랑은 나에게 어울리지 않는다.	❷ 여자 친구와 헤어졌다. 그 아이는 나와 어울리지 않는다.
❸ 영어 시험을 망쳤다. 나는 공부를 너무 못한다.	❸ 영어 시험 점수가 낮게 나왔다. 나는 영어는 좀 못해도 다른 과목은 잘한다.

우리 아이는 어떻게 말하나요? 말습관을 보면 아이의 마음을 알 수 있습니다. 낙관적인 태도라면 다행입니다. 그런데 아이가 비관적이라면 문제입니다. 비관적인 아이들은 삶이 힘듭니다. 불행이 오래 지속될 거라고 생각하니까 마음이 무거울 수밖에 없습니다. 또 한두 사람이 나를 싫어하는 걸 두고 모든 사람이 자신을 미워한다고 일반화하면 슬픔이 깊어집니다. 아이를 비관주의에서 구해내야 합니다. 많은 해외의 전문가들이 여러 방안을 제시하는데, 그중에서 효과가 높은 두 가지 방법을 소개하겠습니다.

심리학자 마틴 셀리그먼이 명쾌한 해법을 제시했습니다.* 사건을 객관적으로 생각하도록 도우면 됩니다.

예를 들어보겠습니다. 선생님께 야단맞은 아이가 엄마에게 하소연하는 상황입니다.

(1) "오늘 선생님이 친구들 앞에서 나를 야단쳤어요."
(2) "선생님이 나를 미워하는 게 분명해요. 아이들은 전부 내가 바보라고 생각할 게 뻔하고요."
(3) "무서워요. 내일도 야단맞고 놀림당할 것 같아요."

마틴 셀리그먼이 제시한 예를 변형한 것입니다. 아이는 비관하고

---

* 『Learned Optimism』 13장에 소개된 설명입니다.

있습니다. 선생님이 자신을 미워하니 내일도 야단을 맞게 될 것이라고 불안해하는 것이죠.

똑같은 사건을 두고도 낙관적인 아이는 다르게 말할 것입니다.

(1) "오늘 선생님이 친구들 앞에서 나를 야단쳤어요."

(2) "선생님이 날 미워하는 건 아니에요. 오늘 한번 지적을 했을 뿐이죠. 그리고 아이들이 나를 바보로 생각할 리도 없어요. 친구들은 나를 좋아해요."

(3) "기분이 조금 나빴지만 괜찮아요. 내일은 다시 즐거울 수 있어요."

(1)은 똑같은데 (2)번이 바뀌었습니다. 그리고 (2)가 바뀌니까 그 결과로 (3)도 변화되었습니다. 아이의 마음이 밝아진 것입니다.

위에서 (1)은 사건에 대한 묘사이고, (2)는 사건에 대한 해석이고, (3)은 기분입니다. 아이의 생각을 바꾸기 위해 부모가 할 일은 하나입니다. (2)를 바꾸면 됩니다. 즉 해석만 교정해 주면 아이는 비관에서 낙관으로 태도가 바뀝니다. 그러니까 부모가 이렇게 말해주면 됩니다.

"선생님이 너를 미워하는 게 아냐. 오늘 한 번만 지적했을 뿐이야."

덧붙이자면 부모 자신의 비관주의도 똑같이 해결할 수 있습니다.

아이에게 소리를 친 엄마의 사례입니다.

(1) '학원에 가지 않겠다는 아이에게 소리를 질렀다.'

(2) '나는 정말 나쁜 엄마다.'

(3) '한숨이 나고 기운이 다 빠졌다.'

위의 엄마는 '나는 정말 나쁜 엄마'라고 생각했습니다. 비관적으로 평가를 한 것입니다. 당연히 괴롭고 한숨이 날 수밖에 없습니다. 그런 판단을 바꾸면 어떨까요? 가령 '나는 오늘은 부족한 엄마였다'라고 객관적으로 판단하는 것이죠. 오늘 한 번 실수를 한 것뿐입니다. 항상 나쁜 엄마가 아니라 오늘 실수한 엄마인 것이죠. 그렇게 생각하면 마음이 한결 가벼울 것이고 고통이 줄어듭니다.

심리학자 마틴 셀리그만은 아이가 엄마에게서 비관주의를 배운다고 말합니다. 물론 어디 엄마만이겠어요. 아빠와 삼촌과 조부모도 비관주의를 가르칠 수 있습니다. 다만 엄마가 가장 가까이 지내니까 영향력이 큰 것은 사실입니다.

낙관적인 마음은 부모에게도 필요합니다. 부모가 자신의 책임을 과장하는 마음을 버리고 미래를 비관하는 습관에서 벗어나면, 자녀도 낙관적인 태도를 갖게 될 것입니다. 부모가 행복해지는 게 시급합니다.

불안을 줄여주는 기술

자녀의 비관주의를 치유하는 두 번째 방법을 설명하겠습니다. 미국의 임상 심리학자 태마 챈스키Tamar Chansky의 조언입니다. 그는 비관주의의 핵심은 불안이므로, 불안을 줄이는 게 중요하다고 말합니다.•

우리는 어떤 때 불안한가요? 태미 챈스키는 단순 명쾌한 '불안 공식'을 제시합니다.

위험 과대평가 + 능력 과소평가 = 불안 반응

불안하다는 건 두 가지 생각이 마음에 들어왔다는 뜻입니다. 첫 번째로 위험을 과대평가하는 생각입니다. 엄청나게 나쁜 일이 일어날 거라고 과장하는 것이죠. 두 번째는 자신의 대응 능력을 과소평가하는 것입니다. 나쁜 일을 막을 능력이 자신에게 쥐꼬리만큼도 없다고 믿는 것입니다. 그 두 생각이 화학적으로 섞이면 거대한 파도 앞에서 작은 배를 탄 듯이 감당하기 힘든 불안을 느끼게 됩니다. 뒤집으면 해법이 나옵니다. 그 두 가지 생각을 완화해 주면 불안도 줄일 수 있는 것이죠. 자녀를 상대로 카운셀링할 때 효과적입니다.

• 『Freeing Your Child from Anxiety』의 4장 내용입니다.

"시험을 못 볼 것 같아요."
"왜 그렇게 생각해? 시험이 어려울까? 아니야. 시험은 공부만 하면 풀 수 있을 정도로 출제된다. 걱정하지 마. (어려움을 과대평가하지 마.)"

"내가 잘할 수 있을지 모르겠어요."
"이 문제들을 세 번만 풀어봐. 너의 실력이 쑥 자랄 거야. (너의 능력을 과소평가하지 마.)"

현명한 엄마의 상담 대화입니다. 아이에게 두 가지를 주문하고 있습니다. 위험을 과장하지 말고 자기 능력을 과소평가하지 말라는 것입니다. 이 두 가지가 자녀의 불안을 줄여줍니다. 이는 공부 말고도 어떤 주제여도 적용이 되는 만능 카운셀링 매뉴얼입니다.

"내 인생을 잘 살아낼 자신이 없어요."
"두 가지가 잘못이야. 인생을 너무 어렵게 생각하고 있어. 또 너의 능력을 과소평가하는 것도 잘못인 것 같다."

조언의 내용은 문제를 과장하지 말고, 또 자기 능력을 무시하지도 말라는 것입니다.

어려움을 과장하고 능력을 과소평가하면 불안이 커집니다. 반대로 어려움을 작게 보고 자신의 능력을 크게 생각하면 불안이 줄어듭니다. 그 결과 삶을 낙관적으로 보게 되는 것은 당연합니다. 부모의 말이 자녀의 미래관을 좌우합니다. 이렇게 거듭거듭 말해주는 부모가 아이를 비관주의에서 구해냅니다.

"크게 어려운 일이 아닐뿐더러 너에게는 놀라운 능력이 있다."

마지막으로 낙관적인 태도를 심어주면, 아이에게 큰 힘이 생긴다는 걸 말씀드리겠습니다. 낙관적인 아이는 자신에게 낙관적인 응원을 합니다. "괜찮다" "큰 문제 아니다" "나는 잘 해낼 수 있다"고 말이죠. 그런 낙관적인 셀프 토크가 끈기를 불러옵니다.

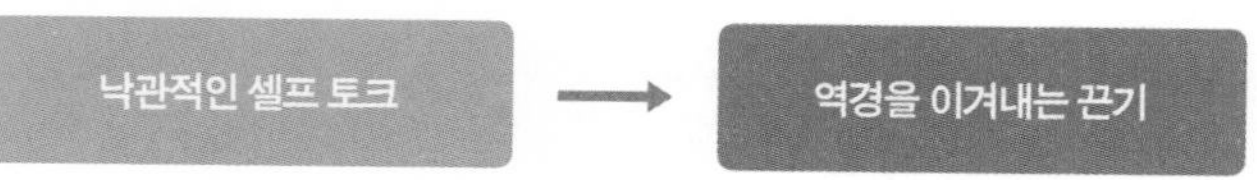

미국 심리학자 안젤라 더크워스Angela Duckworth의 『그릿』에 나오는 도식입니다. 낙관적인 말을 자신에게 많이 하면, 역경을 이겨내는 열정적인 끈기, 즉 그릿이 생겨난다는 것입니다.

그러면 어떤 셀프 토크가 좋을까요. 예를 들면 이런 게 있겠죠.

"나는 좋은 사람이다."
"나는 최선의 결과를 얻어낼 수 있다."
"내가 불행해질 이유는 전혀 없다."

"지금 성적이 낮아도 노력만 하면 곧 급상승할 것이다."

먼저 부모가 위와 같은 긍정적이고 낙관적인 말을 자주 하면 한마디 한마디가 아이의 내면에 자리잡을 것이고 자연히 아이는 불안에서 벗어나게 될 것입니다.

앞서 소개한 도연 엄마도 긍정적이고 낙관적인 조언에 능합니다. 학원을 몰래 빠지고 친구들과 놀다 온 도연이를 엄마가 야단쳤습니다. 그러자 잘한 것도 없으면서 화가 치민 도연이가 소리를 질렀습니다.

"공부가 무섭고 싫어서 그랬어요. 그럼 엄마는 공부를 잘했나요?"

공격적인 질문을 들은 도연 엄마는 솔직하고 차분하게 답했다고 하는데, 그 감동적인 말을 소개합니다.

"엄마는 좋은 대학 근처에도 못 갔지만 열심히 살았고 지금 행복하다. 너는 공부를 잘하게 될 거야. 엄마보다 훨씬 행복할 테니 아무 걱정하지 마라."

집착과 불안을 줄여주는

부모 말투

"너 스스로 스마트폰 사용 규칙을 정해서 책상 앞에 붙이면 어떨까?"

"친구가 답을 늦게 해도 걱정하지 마. 어떤 게시물을 늦게 보거나 못 본다고 해도 큰일 나지 않고, '좋아요'를 적게 받는다고 해도 네가 소중한 것은 절대 변하지 않아."

"정해진 시간에 TV를 끈 건 자제력이 높다는 뜻이야. 웬만한 어른보다 네가 낫다."

"지방은 아주 소중해. 에너지도 지방이 만들어내고 따뜻하게 몸을 지켜주는 것도 지방이야. 지방이 있기 때문에 사람이 살 수 있어. 그걸 다 빼려고 하는 건 아주 위험한 일이야."

"살이 찐 사람도 아름답고 마른 사람도 아름다운 거야. 모두 소중하고 귀한 사람들이야."

"너의 능력을 과소평가하지 말았으면 해."

"시험이 어려울까? 아니야. 시험은 공부만 하면 풀 수 있을 정도로 출제된다. 걱정하지 마."

4

자기 조절

마음이 들끓는 아이에게 공부는 고통이다

머리가 좋고 성실하기만 해서는 공부를 잘할 수 없습니다. 감정 조절 능력도 꼭 필요합니다. 짜증, 불만, 분노 같은 감정을 여과 없이 터뜨리는 아이라면 인간관계는 말할 것도 없고 공부에서도 큰 손실입니다. 한바탕 감정을 폭발시키고 나면 책이 눈에 들어오지 않는 게 당연하니까요. 요컨대 감정 조절 능력이 아주 중요한 공부 기술인 것입니다. 부모로서는 자녀의 감정 조절 문제에 시험 공부만큼의 비중을 둬야 하겠습니다.

머리는 좋은데 충동적인 아이에게

"이 행동의 결과가 어떨까?"

아이는 엄마가 해준 음식을 먹고 자라고, 엄마는 아이가 남긴 음식을 먹고 살찝니다. 물론 워킹맘이 사다 주는 음식도 아이를 자라게 하고, 솜씨 좋은 아빠의 요리도 아이를 살찌웁니다. 부모가 마련한 음식은 모두가 아이의 세포 수를 늘리는 중요한 영양분이죠.

식탁은 그렇게 기쁨의 장소이지만 교육의 배경도 됩니다. 저희 부부는 식탁에서 아이에게 충동 조절 연습을 시키겠다고 결심하고, 실천한 편입니다. 맛있는 음식이 있어도 가족이 다 모일 때까지 참게 하고, 똑같이 나눠 먹게 하고, 서두르지 않게 했습니다. 과자나 빵 등 간식을 먹일 때도 그랬습니다. 음식 앞에서 충동 조절을 할 수 있으면, 전반적인 자기 조절 능력이 자랄 거라고 저희는 믿었습니다. 그런 교육의 영향이 어떤지 측정하는 건 불가능하지만 육아 20년을 마친 지금 생각해도 괜찮은 아이디어였던 것 같습니다.

충동적 행동을 줄이는 말

여기서는 충동 조절 능력에 대해서 이야기하겠습니다. 사례는 2019학년도에 비수도권의 유명 공대에 입학한 서영이입니다. 지능이 아주 높은 편인 서영이는 굉장히 차분해 보이는 아이였습니다. 그런데 서영이 엄마의 말에 따르면 어릴 때 전혀 안정적이지 않았다고 합니다. 급하게 생각한 대로 행동했습니다. 생각보다 행동이 앞섰는데, 말하자면 충동 조절 능력이 부족했다는 것입니다.

서영이는 놀이를 할 때 자기 순서를 기다리지 못하는 아이였습니다. 또 엄마 아빠가 대화를 하는 도중에 불쑥불쑥 끼어들었습니다. 또 선생님의 지시가 다 끝나기도 전에 먼저 움직이는 일도 많았다고 합니다.

충동성이 강하면 말도 급합니다. 서영이는 선생님이 질문하면 깊이 생각하지 않고 아무 대답이나 했습니다. 또 엄마의 말이 끝나기도 전에 대답을 먼저 합니다. 충동적인 서영이는 기다리는 능력도 부족했습니다. 원하는 TV 프로그램이 되기까지 30분이고 1시간 동안 애달파 했습니다. 또 엄마에게 보채고 떼쓰고 우는 경우가 허다했습니다. 충동성이 강하고 인내가 부족한 서영이를 지켜보며 부모는 걱정이 이만저만이 아니었습니다.

충동적인 성격이면 지능이 높아도 좋은 성적을 얻기 힘듭니다. 또 충동적인 아이는 친구들이 좋아하지 않습니다. 높은 성적과 원활한 친구 관계의 필요조건이 충동 제어 능력인 것입니다.

다행히도 서영이는 초등 고학년이 되면서 충동적인 성격을 극복하게 됩니다. 성장하면서 자연히 고쳐진 것도 있겠지만 부모의 노력도 기여했을 것입니다. 서영이의 부모는 세 가지를 꾸준히 가르치면서 1년 넘게 시간을 보냈습니다.

첫째, 결과를 생각하도록 이끌었습니다. 결과를 미리 생각한 후에 말하고 행동하라고 가르친 것입니다. 예를 들어 동생의 장난감을 빼앗는 행동은 분명 결과가 있습니다. 동생이 슬퍼서 울 게 분명합니다. 또 수업 시간에 친구와 몰래 이야기하는 행동은 선생님의 수업을 방해하는 결과를 낳습니다. 그렇게 모든 행동에는 결과가 있다는 걸 인지시키고 "결과를 먼저 생각해 봐!"라고 일러줬더니 아이의 충동성이 조금씩 약해졌다고 합니다.

두 번째로 대안을 말해준 것이 효과적이었습니다. 금지만 하지 말고 대신할 수 있는 말과 행동을 알려준 것입니다. 가령 "엄마가 전화 통화를 하는 동안에는 말 시키면 절대 안 돼"라고 금지만 해서는 효과가 낮습니다. 대신 "네가 좋아하는 일을 하면서 기다리면 된다"라고 대안을 알려주는 것이 좋습니다. 책을 읽거나 장난감 놀이를 하는 것입니다. 또 친구를 만나기까지 기다리는 게 괴롭다면, 친구와 무슨 이야기를 하고 어떻게 놀지 생각하면서 시간을 보내라고 일러줬습니다.

세 번째로 심호흡 방법을 알려줬습니다. 마음이 조급해지거나 참기 힘들어지면 "천천히 숨을 다섯 번 쉬어봐"라고 했던 것입니다. 서영이는 심호흡을 하면서 충동에 휘둘리는 경향이 조금씩 줄었습니다.

서영이 엄마의 교육 방법은 정교하고 세심한 처방으로 보입니다. 거기에 전문가의 의견을 더해보겠습니다. 미국의 교육 분야 저술가 로리 체이킨드 맥널티Laurie Chaikind McNulty가 세 가지 팁을 제시합니다.•

먼저 아이가 결정하기 전에 1에서 10까지 세게 하면 충동성을 낮출 수 있다고 말합니다. 작가의 표현으로는 그 10초의 여유가 "뇌의 전전두피질을 자극해서 행동에 대해 생각할 시간을 준다"고 합니다.

또 호전일까, 악화일까 예상하는 습관도 추천합니다. 즉 아이의 언행으로 상황이 좋아질지, 아니면 나빠질지 미리 예상해 보도록 시키는 것입니다. 예를 들어서 "내가 이 말을 하면 좋은 일이 생길까, 아니면 나쁜 일이 생길까?"라고 스스로 질문하도록 아이를 이끄는 것이죠.

친구의 조언을 상상하라고 시키는 것도 방법입니다. "내가 이런 행동을 하려고 하는데, 절친한 친구라면 말릴까, 아닐까?"라고 상상해 보는 것입니다. 객관적인 시각에서 자신의 언행을 평가하는 연습에 해당합니다.

• 『Focus and Thrive』 Part 2에서 인용합니다.

충동적 행동에 점수 매기기

충동 조절 능력의 향상을 위한 게임도 있습니다. 해외의 여러 교육 전문가들이 추천하는 이 게임의 규칙은 단순합니다. 아이가 자신의 충동적 행동을 되돌아보게 하고, 스스로 점수를 매기게 하는 것입니다. 최종 점수에 따른 보상은 아이와 상의해서 미리 정하면 됩니다.

날짜	생각 없이 했던 말과 행동 횟수	결과를 생각하고 말하고 행동한 횟수	오늘의 점수	누적 점수
11/2	2번	4번	+20점	20점
11/3	1번	2번	+10점	30점
11/4	3번	2번	-10점	20점
11/5				
11/6				

서술형도 가능합니다. 충동적인 행동과 신중했던 언행이 무엇이었는지 쓰게 하는 것입니다.

날짜	생각 없이 했던 말과 행동	결과를 먼저 생각했던 말과 행동	오늘의 점수	누적 점수
11/2	친구를 바보라고 놀렸다.	엄마 말씀을 끝까지 들은 후에 질문했다. 아까웠지만 동생과 과자를 나눠 먹었다.	+10점	10점
11/3	동생에게서 내 장난감을 빼앗았다.	수업 시간에 자리에 가만히 앉아서 집중했다. 선생님이 지정해 주실 때까지 손을 들고 기다렸다.	+10점	20점
11/4	수업 시간에 몰래 친구와 얘기하며 웃었다.	학교에서 친구들과 줄을 서서 기다렸다.	0점	20점
11/5				
11/6				

점수에 따라 아이에게 선택권을 부여하면 흥미로운 게임이 됩니다. 예를 들어서 아이가 TV를 30분 더 볼 수 있는 권리는 '10점'에 살 수 있도록 하는 것이죠. 또 밤에 라면 끓여 먹는 권리는 '20점', 1시간 PC 게임 권리는 '30점'에 구입할 수 있게 됩니다.

부정적 결과를 구체적으로 설명한다

욕구를 당장 채우려는 성향이 충동입니다. 충동에 쉽게 이끌리는 아이는 말과 행동이 급하고 실수가 많습니다. 하지만 야단만 쳐서는 효과가 낮습니다. 왜 충동적으로 행동해서는 안 되는지 자세히 그리고 구체적으로 설명해 주는 게 좋습니다.

무엇보다 충동적 행동의 긍정적 결과와 부정적 결과를 설명하는 게 효과적입니다. 아래 표가 예를 보여줍니다.

행동	행동의 긍정적 결과	행동의 부정적 결과
친구들과 놀이를 할 때 내가 가장 먼저 한다.	빨리 할 수 있어서 기분이 좋다.	빨리 한 후에 오랫동안 기다려야 해서 심심하다. 친구들과 먼저 하려고 다투게 된다.
쉬는 시간에 크게 노래를 부른다.	아이들을 웃길 수 있다.	시끄럽다며 괴로워하는 친구도 있다. 선생님께 야단맞을 수도 있다.
엄마가 통화할 때 끼어들어 말한다.	내 말을 할 수 있어서 속이 시원하다.	엄마는 대화에 방해를 받아서 속이 상하게 된다.
복도를 뛰어다닌다.	신난다.	친구와 부딪힐 수 있다.

충동 조절 능력이 성적 향상의 중요한 조건이라는 것은 말할 필요

도 없습니다. 가만히 앉아서 숙제를 다 끝내려면 마음속의 충동을 가라앉혀야 합니다. 수업 시간에 허튼짓 하지 않고 선생님의 말씀을 경청하는 아이는 충동을 이겨낸 것입니다. 반대로 충동을 이겨내지 못한 아이는 보통 공부를 잘하기 어렵습니다.

하지만 아이가 충동적이라도 너무 걱정할 것은 없습니다. 부모가 교정하는 방법이 있으니까요.

앞에서 설명한 충동성 교정 방법의 핵심은 두 가지입니다. 먼저 아이가 자기 행동의 결과를 예측하는 연습을 하도록 이끕니다. 두 번째로 자기 행동의 충동성 수준을 스스로 평가하게 해도 효과적입니다. 충동을 가라앉히고 차분히 자신을 관찰하는 아이가 행복과 높은 성적 모두를 성취할 것입니다.

아이 감정이 폭발하기 전에

"소중한 걸 잃게 될 수 있잖아"

서울 대치동의 학원가는 때로는 비정한 곳입니다. 고맙고 선량한 사람이 다수이지만, 남의 눈물을 펑펑 쏟게 만드는 극소수도 있습니다. 저희 아이가 강의 그룹에서 퇴출된 일이 있었습니다. 아내는 굵은 눈물을 흘렸고, 저 또한 당시 상황을 생생히 기억할 정도로 충격이 컸던 사건이었습니다.

대치동 학원가에는 각 과목에 따라 수업을 기획하는 주도적인 엄마들이 있습니다. 강사를 섭외하고 학생들을 모으고 시간을 조정하는 게 리더 엄마의 역할입니다. 그런데 한 리더 엄마가 수강생을 가끔 퇴출시키는 경우가 있습니다. 공부 태도가 좋지 않아서 다른 아이들에게 피해를 입힌다는 게 표면적인 이유였는데, 미심쩍기도 했습니다. 그 엄마가 어떤 속셈이 있다거나 아무런 근거도 없이 즉흥적 기분으로 퇴출 결정을 내린다는 평가도 있었고요. 그리고 설사 아이의 수업 태도가 나쁘다고 해도 자녀의 친구인데 타이르면 되지 쫓아낼 일인지 의문스럽기도 합니다.

아무튼 저희 아이가 중요 과목의 강의에서 쫓겨났습니다. 당시는 고3 2학기여서 갑작스레 다른 수업에 낄 수도 없었습니다. 공부할 기회가 하루아침에 박탈된 것입니다. 아내가 리더 엄마에게 하소연을 했지만 아무런 소용이 없었습니다. 아이가 분노했습니다. 도대체 이유가 뭐냐고 자신이 직접 따지겠다고 나섰습니다. 지금 생각하면 그때가 대입을 향한 여정의 중대 고비였습니다. 아이가 감정 조절을 하지 못하고 슬픔, 억울함, 분노 등에 젖어 있었다면 어떻게 됐을까요? 상상만 해도 아찔합니다.

그러나 다행이었습니다. 저희 아이가 상처를 받고 분노도 했지만 단 이틀 만에 마음을 가라앉히고 다시 공부에 집중했습니다. 누구보다 더 열심히 하겠다고 결심을 하더군요. 정말 다행입니다. 저희 아이의 서울대 합격에는 여러 요인이 있겠지만, 그때 아이가 감정의 고비를 금방 넘은 것이 큰 도움이 되었다고 생각합니다.

감정을 못 이겨 폭력을 휘두른 아이

불행하게도 반대의 사례도 있습니다. 감정을 다스리지 못해서 큰 피해를 본 아이 이야기입니다. 동희는 저희 부부와 가까운 지인의

아이가 감정 조절을 하지 못하고

슬픔, 억울함, 분노 등에 젖어 있었다면

어떻게 됐을까요?

상상만 해도 아찔합니다.

아들이고, 중상위권 공대에서 소프트웨어를 공부하고 있습니다. 훌륭한 대학이고, 또 미래가 밝은 전공입니다. 그런데 동희의 부모는 아직도 안타까워합니다. 감정 교육을 시켰다면 더 유명한 대학의 더 좋은 학과에 진학했을 것이라는 생각 때문입니다.

중학교에 다니던 동희는 공부를 좋아했고 성적도 아주 높았습니다. 문제는 성격에 폭발성이 있다는 점입니다. 특히 누군가 자신을 정신적으로나 육체적으로 괴롭히면 직접 대응합니다. 선생님이나 부모 모두 걱정이 많았습니다.

그런데 몇 명의 아이가 동희를 집요하게 괴롭혔습니다. 쉬는 시간에까지 집적거리고 못살게 굴었던 것인데, 어느 날 동희의 분노가 폭발하고 맙니다. 휴대폰을 내던져서 유리창을 깼습니다. 또 의자를 집어 던지는 바람에 한 아이가 다리에 경미하지만 부상을 입기도 했습니다. 동희는 선생님께 크게 혼이 나고 학교 폭력으로 경징계도 받았습니다. 그때부터 동희의 가슴 속에는 부정적 감정이 가득했다는 게 부모의 얘기입니다. 억울하고 화나고 원통한 기분에 휘둘려 지냈던 동희는 점차 학교생활과 공부에 대한 거부감을 갖게 되었다고 합니다. 고등학교 때 겨우 끌어올렸지만 최상위권이던 중학교 때 성적이 중위권으로 곤두박질치고 말았습니다.

그날 딱 한 번만 감정이 폭발하지 않았어도 동희의 인생은 달라졌을 것이라고, 동희의 부모는 후회합니다. 수학이나 영어가 아니라 감정 교육을 시켰어야 한다는 말을 자주 했습니다.

해내기 무척 어렵지만 감정 교육도 부모의 임무입니다. 감정을 조절하는 방법을 어릴 때부터 꾸준히 가르쳐야 아이가 가진 공부 열정, 친구 관계, 사회적 평판 등을 지켜낼 수 있습니다.

감정 조절 능력이 부족한 사람은 작은 일에도 화를 내서 문제를 키웁니다. 또 최악의 결과가 올 것처럼 가정하면서 극단적으로 반응합니다. 감정 조절 능력이 부족한 사람은 특히 마음이 여려서 상처받은 일을 쉽게 잊지 못하거나 때로는 복수심을 키워서 자신을 고통에 빠뜨립니다.

감정 조절은 어른도 어려운데 아이들은 말할 것도 없겠죠. 슬픔, 짜증, 실망감, 분노 같은 감정을 여과 없이 터뜨리는 아이들이 적지 않습니다. 폭발적인 감정 표현은 본인도 괴롭히고 친구나 가족도 힘들게 만듭니다. 그런데 인간관계만 문제인 것은 아닙니다. 공부에도 손실을 끼칩니다. 감정을 폭발시킨 후에는 책이 눈에 들어오지 않는 게 당연하니까요.

아무리 머리가 좋고 성실해도 감정 조절 능력이 부족하면 그 소용이 크게 제한됩니다. 그래서 감정 조절 능력이 IQ나 태도보다 아이의 미래에 월등한 영향을 끼친다는 주장이 가능한 것입니다. 그런 논리에 따르면 시험 점수에만 관심을 두고, 아이의 감정 조절 문제를 소홀히 여기는 부모는 큰 실수를 하는 셈입니다. 어쩌면 앞의 동희의 부모님처럼 후회를 하게 될지도 모릅니다.

감정을 조절하는 능력을 키우는 방법을 정리해 봤습니다. 먼저 일반적이고 원칙적인 방법을 두 가지 설명하고, 다음에 좀 더 구체적인 방안을 소개하겠습니다.

감정 조절 매뉴얼 교육

가전제품 등 상품을 사면 매뉴얼이 딸려옵니다. 매뉴얼은 상품 사용 설명서입니다. 사람의 감정도 쓰면서 살아야 하니 감정 대처 매뉴얼 교육도 꼭 필요합니다. 어떤 감정을 느꼈을 때 어떻게 행동해야 하고, 어떤 반응은 해서는 안 되는지 미리 교육하는 것입니다. 이는 해외의 교육 전문가들이 많이들 추천해서 일반화된 방법입니다.

가령 친구들 앞에서 말을 할 때 많이 떠는 아이가 있다고 가정해 보겠습니다. 부모가 긴장감이라는 감정에 대처하는 방법을 미리 알려주는 게 좋습니다.

<긴장감 대처 매뉴얼>

언제 마음이 떨리나요?	친구들 앞에서 발표할 때
떨릴 때 하지 말아야 할 일은?	(1) 울어버리기 (2) 집으로 도망쳐오기 (3)
떨리면 어떻게 해야 하나요?	(1) 내가 발표를 잘할 거라고 혼자 속삭인다. (2) 친구들이 전부 인형이라고 상상한다. (3) 눈을 감고 깊은 숨을 다섯 번 쉰다. (4)

한두 번 교육으로 아이가 긴장감을 정복할 수는 없을 겁니다. 하

지만 반복적으로 가르치고 위로하면 늦어도 1~2년 후에는 효과가 나타날 수 있습니다.

긴장감뿐 아니라 불안과 분노도 아이들을 많이 괴롭히는 감정입니다. 평소에 아이에게 질문하고 대화하면서, 불안감과 분노에 대처하는 능력을 미리 키워주는 게 좋습니다. 대화는 아래의 내용에 맞게 진행하면 됩니다.

<불안감 대처 매뉴얼>

언제 가장 불안한가요?	시험이 가까워지면
시험 불안감이 닥칠 때 해서는 안 되는 행동은?	(1) 스마트폰 게임 속으로 도망치기 (2) 공부하지 않고 실컷 잠자기 (3) 친구들과 놀러 가기 (4)
불안할 때 무엇을 해야 할까요?	(1) 나는 할 수 있다고 스스로 용기를 준다. (2) 조금씩 차분히 공부하면 된다고 되뇐다. (3) 시험 성적이 나빠도 된다는 엄마의 말을 떠올린다. (4) 엄마 아빠에게 불안하다고 말씀드린다. (5)

<분노 대처 매뉴얼>

언제 가장 화가 나나요?	친구들이 놀릴 때
화가 나도 해서는 안 되는 행동은?	(1) 소리 지르기 (2) 친구 때리기 (3) 물건 집어 던지기 (4)
화가 나면 해야 하는 행동은?	(1) 왜 화가 났는지 차분히 이야기한다. (2) 선생님과 부모님께 화가 났다고 말한다. (3) 눈을 감고 깊은 숨을 다섯 번 쉰다. (4)

감정 대처법 교육은 말하자면 백신을 맞히는 것과 같은 예방 교육입니다. 분노를 느꼈을 때 선택 가능한 행동이 여럿이라는 걸 알면, 위의 동희처럼 휴대폰이나 의자를 던지지 않아도 됩니다. 상대 아이를 타이를 수 있고, 아니면 경고하는 것도 가능하죠. 또 선생님이나 부모님께 도움을 청하는 것도 미리 숙지시키면 좋을 겁니다.

부모가 기억할 게 있습니다. 위 교육의 핵심은 해서는 안 되는 행동과 해도 되는 행동을 모두 알려주는 데 있습니다. 금지만으로 감정 교육 효과를 기대할 수 없습니다. 가령 "화 좀 내지 마!" "화가 나도 참아!"는 소용없는 야단입니다. 당장은 화를 억누르게 할 수 있지만, 분노가 가슴 속에서 자라며 압력을 높이는 걸 막을 수 없습니다. 금지만 하지 말고 화를 푸는 방법도 함께 알려줘야 합니다.

가장 중요한 가치를 알면 참을 수 있게 된다

부모가 직장에서 모멸감을 느껴도 참는 것은 가족의 안정된 생활을 위해서입니다. 감정을 폭발시키면 마음은 시원하겠지만 가족의 생계가 위협받을 수 있으니까 참는 것입니다. 부모는 감정적 보복보다 가계 유지가 더 중요한 것이어서 참을 수 있는 것입니다.

아이에게도 중요한 가치가 필요합니다. 공부에 몰두해서 꿈을 이루는 게 가장 중요하다고 생각하는 아이는 격한 감정도 자제할 수 있습니다. 행복감 유지를 삶의 중요 가치로 여기는 아이라면 사소한 갈등은 웃어 넘기는 게 가능합니다. 감정적으로 보복하는 것보다 더 중요한 것을 갖고 있는 아이가 감정 조절을 해냅니다. 여기서 부모의 역할도 분명해지죠. 아이의 삶에서 정말로 중요한 게 무엇인지 토론하고 가르치면, 아이는 감정을 통제하는 능력을 얻게 될 것입니다.

달리 말하면 삶의 목표가 감정 통제력의 바탕입니다. 저 멀리에 있는 꿈을 생각하고 그것에 시선을 둘 수 있으면, 오늘의 감정을 견뎌낼 수 있습니다. 예를 들자면 아이에게 이렇게 이야기해 주면 되겠습니다.

"친구의 한마디에 기분이 가라앉으면 큰 손해야. 너는 소중한 행복을 잃게 되는 거야."

"너에게 더 중요한 것은 좋은 대학에 가는 거잖아. 친구를 미워하면 공부에 집중할 수 없어. 너그럽게 용서해줘 버리는 게 어떨까?"

상식적인 이야기이지만 분노, 불안, 초조, 두려움 같은 부정적 감정을 억지로 누르는 것은 거의 불가능합니다. 대신 다른 긍정적 감정을 일으켜서 부정적 감정을 감싸는 게 효과적입니다. 삶의 목표를 이루는 상상을 하면 행복해집니다. 가슴이 부풀어 오르고 미소 짓게 됩니다. 그런 긍정적 감정들이 아이를 격한 감정에서 구해낼 수 있습니다. 미래의 꿈이 현재의 감정을 조절합니다.

감정 조절 능력을 기르려면

"지금 분노가 몇 도 정도야?"

감정을 오랫동안 억누르는 것은 불가능합니다. 내내 무시할 수도 없습니다. 우리는 감정을 껴안고 살아야 합니다. 그렇다고 감정에 대한 영향력이 절대적인 것은 아닙니다. 우리는 감정을 다독이면서 살아갈 수 있습니다. 몇 가지 유용한 방법들을 소개해 보겠습니다.

긍정적인 해석 능력을 길러준다

미국의 전문 상담 교사이자 작가인 샤론 핸슨Sharon A. Hansen이 제안하는 방법이 흥미롭습니다. 감정의 발생 과정을 알려주라는 것입니다. 샤론 핸슨은 사건이 생각을 거쳐서 감정을 일으킨다고 설명합니다.* 그런데 생각에는 두 가지 종류가 있죠. 부정적인 생각과 긍정적인 생각이 있습니다. 부정적 생각을 거친 사건은 부정적 감정을 낳고, 사건이 긍정적 생각을 거치면 감정 또한 긍정적이게 됩니다.

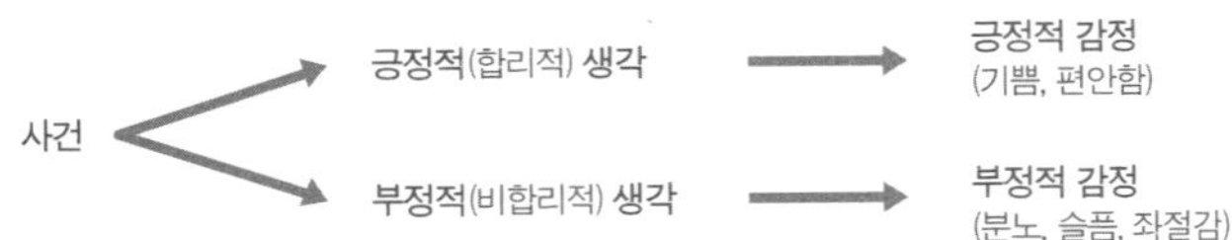

아이에게도 감정의 발생 과정을 알려주는 것이 교육적입니다. 같은 상황이라도 생각하기에 따라 감정이 달라진다는 걸 알면 신기해할 것입니다. 예를 들어서 아래와 같이 사례를 설명해 주면, 도움이 되리라 봅니다.

사건	생각	감정
우유를 흘렸다.	닦으면 되지, 뭐.	마음이 평온하다.
	나는 바보다.	마음이 어두워진다.
같이 즐겁게 놀던 친구가 나를 놀렸다.	쯧쯧, 얘가 아직 어려서 그래.	여전히 즐겁다.
	아주 못된 아이다.	즐거움이 사라지고 화가 난다.

* 『The Executive Functioning Workbook for Teens』의 11장을 참고했습니다.

아빠가 함께 놀아주기로 한 약속을 안 지켰다.	아빠가 무척 바쁘신 모양이다.	이해와 사랑의 마음이 생긴다.
	아빠는 나를 싫어하나 봐.	슬퍼진다.

어찌 보면 아주 단순한 이야기입니다. 좋게 생각하면 좋은 감정이 유지된다는 이야기이니까요.

그런데 어떻게 하면 아이가 사건을 긍정적으로 해석하도록 만들 수 있을까요. 역시 부모의 책임이 막중합니다. 긍정적인 평가와 설명이 습관인 부모가 자녀의 감정을 건강하게 만들어줍니다. 부모가 밝게 생각하고 말하면 부모 본인이 행복할 뿐 아니라 우리 아이의 감정도 밝아지는 것입니다.

감정의 강도를 평가하는 연습

감정의 강도를 평가하는 연습도 감정 통제 능력을 길러줍니다. 가장 강력한 감정인 분노를 예로 들어보겠습니다. 아이와 엄마가 대화를 나누고 있습니다.

"나 슬퍼요."
"슬프다고? 왜? 지금 슬픔은 몇 단계 정도 돼?"

엄마는 슬픔이 몇 단계인지 물었습니다. 그러니까 어느 정도 강한 슬픔을 느끼냐는 물음입니다. 이런 대화를 나누려면 사전에 아이와 슬픔의 등급을 정해놓는 게 필요하겠습니다. 예를 들어서 조금 슬프면 1단계, 중간 정도라면 2단계, 슬픔이 아주 강하다면 3단계라고 정할 수 있습니다. 그리고 각 단계마다 대응 방법도 정해둡니다.

표로 설명해 보겠습니다.

얼마나 슬픈가요?	어떻게 해야 할까요?
1단계 : 조금 슬퍼요. 마음이 조금 무거워요.	심호흡을 세 번 합니다. 즐거운 상상을 합니다.
2단계 : 중간 정도로 슬퍼요. 눈물이 날 것 같아요.	심호흡을 다섯 번 합니다. 좋아하는 노래를 듣습니다.
3단계 : 아주 많이 슬퍼요. 눈물이 쏟아지는 것을 참을 수 없어요.	심호흡을 열 번 합니다. 엄마나 선생님께 말씀드립니다.

단순히 '슬프다'가 아니라 '어느 정도 슬프다'고 판단할 수 있어야 알맞은 대응책도 마련할 수 있습니다.

거의 모든 육아 전문가들이 추천하는 감정 조절의 만병통치약이 바로 심호흡입니다. 심호흡은 깊게 그리고 천천히 호흡하기입니다. 코로 들이쉬고 입으로 내뱉는 것이 좋습니다. 또 숨을 들이쉬고 3초 정도 멈추는 것도 방법입니다. 어른 아이 할 것 없이 마음을 진정시키는 쉽고 효과적인 방법이 심호흡입니다.

슬픔이 중간 정도라면 심호흡을 다섯 번 하도록 약속해 둘 수 있습니다. 또 눈물이 쏟아질 정도라면 열 번 정도 심호흡을 해보라고 권할 수 있겠죠. 단순히 "마음을 진정시켜라"고 타이르는 것보다 구체성 높은 지침을 알려주는 게 낫습니다. 후자가 아이의 감정 통제 능력을 높이는 데 효과적입니다.

미국의 어린이 정신 건강 상담사 재닌 핼러런Janine Halloran은 '감정 온도계'라는 표현을 씁니다.*

예를 들어서 화의 경우 저온, 중온, 고온으로 구별할 수 있습니다. 아이가 화가 났다면 감정의 온도를 물어봅니다. 한숨이 나는 정도라면 화가 저온 상태입니다. 발을 구르게 되면 중온의 화를 느끼는 것이고, 소리치고 물건을 던진다면 화가 고온 상태입니다.

각 온도마다 제시되는 처방이 다릅니다. 저온이면 물을 마시고, 중온일 때는 운동을 하고, 화가 뜨거운 단계라면 쉬거나 종이를 시원시원하게 찢게 합니다.

그렇게 분노의 등급에 따라 알맞게 대응하도록 가르치면, 아이가 감정을 다스리는 능력을 얻게 됩니다.

이번에는 불안감을 예로 들어보겠습니다. 미국의 심리학자 페그 도슨Peg Dawson에 따르면, 섬세한 어린이는 불안감을 5단계로 나눠 표

* 『Coping Skills for Kids Workbook』 5장에 나오는 개념입니다.

현할 수 있습니다.*

(1) 내 마음은 편해요.

(2) 나는 조금 걱정이 돼요.

(3) 긴장이 돼요.

(4) 마음이 많이 불안해요.

(5) 불안해서 어쩔 줄을 모르겠어요.

불안감도 수준이 다양합니다. 어느 정도 불안한지 알아내면 불안한 마음을 더 쉽게 다독일 수 있습니다.

"내가 지금 어느 정도로 슬픈 걸까?"라고 자문하는 아이가 슬픔을 잘 다스립니다. "나의 분노는 지금 몇 도인가?"라고 질문하면서 분노 수준을 판별하는 아이가 분노 조절 능력을 갖게 될 것입니다. 의사가 맨 먼저 환자의 체온을 재는 것처럼, 자기 감정의 온도를 측정하는 아이가 자기 감정의 치료사가 될 수 있습니다.

불편감을 해소시키는 섬세한 말들

외국 육아 서적이나 인터넷 매체를 보면 감정 치유 방법이 아주

* 『Smart But Scattered』 7장에서 인용합니다.

풍부하게 소개되어 있습니다. 종류도 많고 관점도 다양합니다. 그런 실용 정보는 아주 유용합니다. 부모가 "화를 풀어"라거나 "진정해"라고 지시해도 방법을 모르면 아이는 따를 수 없습니다. 감정을 달래는 구체적인 방법을 알려주는 건, 횡단보도를 건너는 방법을 교육하는 것만큼이나 필요하고 중요합니다. 아이의 감정이 흔들려서 슬프거나 좌절하거나 화가 났을 때 신속히 감정을 치유하는 기술들을 모았습니다. 이렇게 말해준다면, 아이는 슬픔, 좌절, 분노에서 곧 빠져나오기 쉬울 겁니다.

"가장 좋아하는 것 세 가지만 떠올려봐. 뭐가 있을까? 강아지, 장난감, 생일 케이크? 금방 괜찮아졌니?"

"해가 지는 바다처럼 아름다운 풍경을 상상해 볼까? 직접 본 풍경도 좋고, 영화나 사진에서 봤던 이미지를 떠올려보는 것도 좋아. 아름다운 풍경 사진을 책상 앞에 붙여 놓는 것도 좋지!"

"고마운 사람이나 일에 대해 생각해 보자. 엄마, 아빠, 친구를 떠올려도 좋고, 더 구체적인 일을 기억해도 마음이 진정될 거야. 주말에 아빠가 만들어준 맛있는 음식, 지난주에 엄마가 해줬던 응원의 말을 떠올려보는 것도 좋아!"

"몸을 움직여도 기분이 풀려. 세 가지 방법을 써볼까? 먼저 머리를 천천히 뒤로 젖히고 왼쪽과 오른쪽으로 고개를 돌리면서 긴장을 풀어봐. 그다음으로 기지개를 켜고 스트레칭 하는 방법도 있어. 세 번째로는 셀프 마사지야. 오른손으로 왼팔을 마시지하는 식이지. 손끝에서 시작해서 팔뚝까지 올라가면서 천천히 팔을 마사지해 보자. 짜증에서 금방 벗어날 수 있어!"

"기분이 상하면 가만히 있지 말고, 노래를 딱 한 곡만이라도 들어볼까? 아니면, 그림을 그려봐도 괜찮아. 공을 들여 예쁘게 그려도 좋고 가벼운 낙서도 괜찮아."

"내 마음을 일기로 써두는 것도 좋아. 내가 왜 슬프고 어떤 이유 때문에 화가 났는지 쓰다 보면 저절로 힐링이 되거든."

"짜증 나게 하는 친구에게서 몇 걸음 떨어지는 것도 필요해. 아예 교실 밖으로 나가서 하늘과 나무를 보는 것도 좋고, 기분 나쁜 상황을 잠시 피하는 것도 마음을 달래는 좋은 방법이야."

"나 자신을 응원하는 말을 해봐. 간단해. '걱정 마. 곧 기분이 좋아질 거야' 이렇게 말이지. '어떻게 하면 내 기분이 좋아질까?'라고 자주 생각하면, 기분 전환도 자기 주도적으로 해낼 수 있어."

"인형을 꼭 껴안아 보자. 한 10초 정도만. 그래도 기분이 풀리지 않으면 더 오래 껴안아도 괜찮아. 엄마에게 야단맞은 후에도 효과적이야."

"재미있는 책을 읽어봐. 짧고 흥미로운 내용의 책도 좋고, 조금 길고 깊이감이 있는 내용도 훌륭해. 우울, 분노, 슬픔, 걱정 등 대부분의 부정적 감정은 글을 10분만 읽어도 사라진다니, 놀랍지 않니?"

"내 장점을 생각하는 것도 좋은 방법이지. 특히 좌절했을 때! '나는 노래를 잘하고, 독서를 많이 하고, 친구들에게 재미있는 이야기를 들려주는 아이다'라는 사실을 떠올려봐. 자부심이 높아지면 하찮은 불쾌감을 넘어설 수 있어."

"숨을 잘 쉬는 것만으로 스트레스를 풀 수 있어. 호흡법에도 세 가지가 있는데, 먼저 천천히 호흡만 해도 기분이 나아져. 나의 호흡에 정신을 집중하면서 서서히 숨을 삼키고 내뱉는 것이지. 두 번째로는 숫자 세기! 1에서 5까지 세면서 숨을 들이마시고, 숨을 내뱉으면서 6에서 10까지 세어보자. 세 번째 방법은 내 호흡 소리를 듣기야. 귀를 막고 숨을 쉬면서 자신의 호흡 소리에 집중하는 거지. 어릴 때부터 호흡법을 익혀두면 평정심을 회복하는 능력을 평생 잘 쓸 수 있게 돼."

아이들은 영어나 수학을 수백 시간 동안 배워야 합니다. 그런데 감정 조절법을 배울 시간이나 기회는 거의 없습니다. 지식보다 감정 통제 능력이 인생을 좌우한다고 생각하면, 참 부조리한 상황입니다. 저희 부부만 해도 회한을 갖고 있습니다. 수학 공부 시간의 2%나 1%만이라도 할애해서 아이에게 감정 공부를 시켰다면, 아이가 더 행복하게 공부했을 거라고 생각합니다.

고집을 꺾지 않는 아이에게

"혹시 다른 대안은 없을까?"

아이가 고집이 세서 걱정인 부모가 많습니다. 고집불통인 아이는 친구와의 갈등이 많습니다. 또 새로운 환경과 지식을 거부합니다. 고집 센 아이를 어떻게 해야 할까요. 천성이니까 어쩔 수 없다고요? 아닌 것 같습니다. 부모의 말로 적절히 바꿀 수 있습니다.

고집 센 아이는 생각의 유연성이 부족한 것입니다. 그렇다면 생각을 유연하게 만들어주면 문제가 해결됩니다. 연구자들의 설명을 보면 의외로 간단한 방법이 많습니다. 먼저 고집 세고 성격이 빳빳하게 경직되어 있던 한 아이의 사례를 소개합니다.

저희 아이와 같은 고등학교에 다녔던 철민이는 대입에서 만족스러운 합격을 두 번 경험했습니다. 2018학년도 상위권 대학의 공대에 합격해서 축하를 받았는데, 학과 공부가 너무 재미없다며 고민하다가 재수를 시작했습니다. 결과는 좋아서 2019학년도 서울대 인문계에 합격할 수 있었습니다. 이과에서 문과로 바꿔 수능 시험을 봤는데도 거뜬히 성공한 것입니다.

철민이의 특징은 친구들이 많다는 것입니다. 어떤 성격의 아이도 잘 받아줘서 인기가 많습니다. 고집을 피우는 친구에게는 양보를 해주면서 살살 달랩니다. 친구들 사이의 갈등도 한쪽에 치우지지 않고 깔끔하게 중재해 냅니다. 철민이는 생각이 유연한 리더 스타일의 아이라고 할 수 있겠습니다.

압박, 초조함, 경직된 사고에서 벗어나기

그런데 철민이도 어릴 때는 유연하거나 여유 있지 않았다고 합니다. 굉장히 경직된 사고를 갖고 있었죠. 꼭 자신에게 익숙한 절차나 방향이 아니면 못 견뎠습니다. 한번은 엄마가 평소 다니지 않던 길로 운전을 하자 초등학생 철민이는 큰일이라도 난 것처럼 소리치고 울었다고 합니다. 정해진 길로 가야만 철민이는 안심을 하고 표정이 밝아졌습니다. 계획이 취소되거나 날짜가 바뀌어도 철민이는 좌절하고 불안해했습니다. 가령 오늘 놀러 오기로 했던 친구가 약속을 내일로 미루면 안절부절못했던 것입니다. 뭐든지 자기가 옳다고 믿는 방식대로 진행되어야만 철민이는 안심이었습니다.

중학교 때는 공부를 지나치게 열심히 했다고 합니다. 여유가 없었고 휴식도 몰랐습니다. 철민이는 서울대학교에 합격하기 위해서는 잠자고 밥 먹는 시간을 빼고는 온종일 공부만 해야 한다고 믿는 아이였고, 실제로 그렇게 실행하려고 노력했습니다. 친구들에게 공개적으로 말하기도 했습니다. 반드시 서울대에 갈 것이고 다른 대학교에 갈 바에야 차라리 고졸 학력으로 남겠다고 주먹을 불끈 쥐고 웅변이라도 하듯이 선언했다는 것입니다.

자신에게 엄격한 철민은 강해 보였습니다. 바위나 강철 덩어리처럼 단단한 아이로 비쳤던 것이죠. 그런데 속은 정반대입니다. 마음은 약하고 상처가 많았으며 고통에 시달렸던 것입니다.

특히 시험 기간이 닥치면 그렇게 불안할 수가 없었다고 합니다. 반드시 좋은 성적을 받고 말겠다는 강한 투지가 철민이를 짓눌렀습니다. 시험만 가까워지면 위가 아파서 치료를 받는 등 고생을 심하게 했으며, 원형 탈모증도 생긴 적이 있다고 합니다.

철민이는 공부가 점점 힘들어졌습니다. 최상위 성적을 거두지 않으면 절대 안 된다고 생각했던 아이는 두려움과 긴장 속에 지내야 했습니다. 극심한 스트레스는 공부에 오히려 방해가 되었습니다. 성적이 떨어지자 아이는 자기 머리에 주먹질을 하고 뺨을 때리는 모습도 보였습니다.

점점 피폐해지는 아이를 보면서 충격을 받은 부모가 간곡히 호소하기에 이릅니다. 서울대에 갈 생각을 버리라고 부탁한 것입니다. 인생의 길은 다양하고 행복의 종류는 수십 수백 가지가 있으니까 유연하게 생각하라고 했습니다. 꼭 정해놓은 길을 오차 없이 가야 하는 건 아니라고 설득하고 또 설득했습니다. 몇 개월에 걸친 부모의 호소가 영향을 끼쳤는지 철민이는 여유가 생겼습니다. 자주 쉬기도 했고 친구들과 놀러도 다녔습니다. 극심했던 시험 스트레스도 확연히 줄었다고 합니다.

고등학교 때 철민이는 공부를 열심히 했지만 압박과 초조함이 심하지는 않았습니다. 스스로 믿었습니다. 인생의 행복에 이르는 길은 수십 갈래라고 확신했습니다. 또 서울대에 꼭 합격하지 않아도 괜찮고 그냥 성실히 노력하는 게 더 가치 있다는 철학도 생겼다고 합니다.

그렇습니다. 서울대에 가는 길은 두 가지였던 것입니다. 꼭 합격을 위해 이를 악물어도 갈 수 있지만, 반대로 꼭 서울대가 아니어도 괜찮다는 아이에게도 합격의 길이 열릴 수 있습니다.

생각을 유연하게 만드는 질문

'인지적 유연성'이라는 심리학 개념이 있습니다. '사고 유연성'이라고도 합니다. 반대는 '사고 경직성'입니다. 사고가 굳은 아이는 정해진 대로 해야 합니다. 자신이 알고 있는 방식이나 절차를 벗어나면 견디지 못합니다.

낯선 길로 운전하는 엄마를 향해 소리를 친 철민이가 그런 경우입니다. 비슷하고 재미있는 예를 더 살펴보겠습니다. 미국 정신과 의사 마니 파불루리Mani Pavuluri의 경험담이 흥미롭습니다.*

그는 어릴 때 사촌이 빵에 버터를 바르는 걸 보다가 감정이 폭발한 적이 있다고 합니다. 자신과는 다른 방향으로 버터를 바르는 걸 보고 참을 수가 없었던 겁니다. 또 아빠가 선생님과 다르게 연필을 잡았다거나 수학 문제를 풀 때도 못 견뎠습니다. 흔한 표현으로는 고집이 센 것이고, 다르게 말해서 사고가 굳어 있었다는 증거입니다.

생각이 경직된 아이는 두려움을 자주 느끼게 됩니다. 모르는 길로 달리는 차 안에서 소리를 지르는 아이는 마치 납치라도 된 듯이 무서워서 그렇습니다. 빵에 버터를 반대 방향으로 발랐기 때문에 나쁜 일이 생길 거라고 겁내는 아이도 있습니다.

사고가 굳은 아이는 좌절감도 자주 겪습니다. 뭐든지 자기 뜻대로 하고 싶은데 세상 이치가 허락하지 않습니다. 상황 변화는 항상 일어납니다. 예를 들어서 친구와 함께 놀기로 약속했는데 친구에게 급한 일이 생겼다고 해볼까요. 사고가 경직된 아이는 화를 내거나 좌절감을 느낄 겁니다. 사고가 유연하다면 다르겠죠. 변화를 받아들이고 시간을 즐겁게 보낼 대안을 찾을 겁니다. 다른 친구에게 연락하거나 책을 읽거나 TV를 보는 것입니다.

정신적으로 유연한 아이는 화를 내거나 좌절할 일이 적습니다. 반

---

* 그의 홈페이지(www.drmanipavuluri.com)에 실린 글 "Cognitive Flexibility: Learn to Roll with the Punches"에서 인용합니다.

면 사고의 유연성이 부족한 아이는 많이 좌절하고 쉽게 마음을 다칩니다.

사고 경직성은 성적 향상의 기회도 앗아갑니다. 예를 들어 아이가 "공부가 너무 힘들다"고 하소연하면 여러 가지를 체크해야 할 것입니다. 비현실적인 목표에 집착하는 것은 아닌지, 계획은 적절한지, 공부 방법은 적합한지 점검해야 하는 것이죠. 또 선생님이나 친구의 조언에 마음을 여는 것도 중요하죠. 그런데 사고가 경직된 아이는 공부의 목표와 방법이 변하는 걸 두려워합니다. 위에서 말한 철민이의 경우처럼 말입니다. 그렇게 잘못된 길을 고집하면 몸도 마음도 상하고 성적도 오르기 어렵습니다. 자신의 공부 습관과 목표의 적절성을 점검하고 유연하게 대처하는 아이가 더 유리합니다.

전문가들에 따르면 아이의 사고를 유연하게 만드는 일은 어렵지 않습니다. 대안이 언제나 있다는 걸 알려주는 것으로 충분합니다. 피자가 안 되면 핫도그를 먹으면 되고, 튀긴 치킨이 품절이면 오븐 구이 치킨을 먹으면 되는 것입니다. 조금 아쉽겠지만 그래도 즐거워질 수 있는 다른 길이 있다는 걸 깨닫게 되면 아이는 고집불통에서 벗어날 수 있습니다.

부모가 질문을 통해서 도울 수 있습니다. 앞에서 언급한 정신과 의사 마니 파불루리가 인상적인 조언을 합니다. 아래와 같이 간단한 질문이 아이의 사고 유연성을 높입니다.

"내가 먹고 싶은 음식의 재료가 집에 없다면, 어떻게 해야 할까?"
"어떤 놀이를 하고 싶은데 친구가 원치 않으면 어떻게 해야 할까?"
"가장 예쁜 티셔츠가 세탁 중이어서 입지 못하면 어떻게 하는 게 좋을까?"

모두 대안을 생각하게 만드는 질문입니다. 가장 먹고 싶은 요리의 재료가 없다면, 두 번째로 먹고 싶은 음식을 선택하면 됩니다. 또는 배달을 시킬 수도 있겠죠. 가장 예쁜 티셔츠가 세탁기 속에 있다면 두 번째로 예쁜 셔츠를 입으면 되죠. 언제나 대안은 있습니다. 차선일지라도 대안을 선택하고 만족하는 연습을 하면 아이의 생각이 유연해집니다. 좌절과 분노가 줄어들고 행복한 마음을 갖게 될 것입니다.

또 다른 예를 들어보겠습니다.

"친구가 오지 않았구나. 즐겁게 놀 다른 방법은 없을까?"
"빵에 잼을 반대 방향으로 발라 봐. 맛이 어때? 달라?"

친구가 오지 않았다면 또 다른 방법을 생각해서 시간을 보내면 됩니다. 또 빵에 버터나 잼을 바를 때는 어떤 방향을 택해도 맛은 같습니다. 필요한 것은 간단한 질문입니다. 대안을 찾게 만드는 질문으로 사고 유연성을 키울 수 있습니다.

타인의 역할 · 권리를 아는 아이가 유연하다

개인의 역할과 권리를 일깨워줘도 아이의 사고가 유연해집니다. 사람마다 역할이 있고 제각기 권리도 갖고 있습니다. 어린 아이들은 그걸 몰라서 괴로움을 느낍니다.

먼저 개인의 역할에 대해서 이야기해 보겠습니다. 예를 들어 친구들이 규칙을 어기면 화를 내는 아이가 있습니다. 친구가 수업 시간에 떠들거나 장난을 치면 자신이 통제를 하려고 합니다. 이런 경우에는 선생님의 역할을 인지시켜주면 됩니다.

미국의 심리학자 조이스 쿠퍼 칸Joyce Cooper Kahn은 이렇게 말해보라고 조언합니다.•

"아이들에게 어떻게 행동하고 말하라고 가르치는 건 네가 할 일이 아냐. 그건 선생님이 하실 일이야. 너는 너의 일만 하면 충분해."

우리의 문화적 감각에 맞게 바꿀 수도 있을 겁니다. 이렇게 말입니다.

"물론 선생님을 도와드리고 싶은 네 마음은 엄마도 알아. 하지만 믿어도 돼. 선생님이 잘 알아서 하실 거야."

• 조이스 쿠퍼 칸의 『Late, Lost, and Unprepared』 12장에서 예시한 것입니다.

위는 선생님과 아이는 할 일이 다르다는 걸 일깨워주는 설명입니다. 통제는 선생님의 역할이니까 아이가 나설 필요가 없습니다. 아이는 감독자가 아닙니다. 친구들과 즐겁게 지내는 게 아이의 할 일입니다. 그걸 알려주면 고집스럽게 간섭하는 태도를 고칠 수 있습니다.

조이스 쿠퍼 칸의 또 다른 조언도 유익합니다. 타인의 권리를 인정하도록 가르치는 게 좋다고 합니다. 가령 낯선 친구가 많이 오는 캠핑에 참석하게 된 자녀에게는 이렇게 말합니다.

"캠핑을 가면 아주 많은 종류의 아이들이 있을 거야. 어떤 아이는 네가 익숙하지 않은 방식으로 행동할 거야. 혹시 불편하더라도 너를 비롯해 누군가를 해치지 않는다면 개입할 필요는 없어."

사람마다 행동과 말이 다릅니다. 생각도 제각각이죠. 그것은 권리입니다. 모두에게 남과 다르게 생각하고 행동할 권리가 있는 것입니다. 그런 사실을 아는 아이는 유연해집니다. 안달하지 않으니 마음이 편안해지는 것은 당연한 결과입니다.

부모들은 잘 모릅니다. 저희 부부도 무지했습니다. 사고의 유연성은 아주 중요한 기능입니다. 위에서 봤듯이 우선 아이의 생활을 행복하게 만듭니다. 고집을 부리지 않게 되면 갈등, 짜증, 좌절 등이 줄어듭니다. 또 유연한 사고는 공부의 효율도 높입니다. 지능이 높아도 생각이 경직되어 있으면 공부가 힘들어집니다. 반면 생각이 유연한 아이는 공부의 목표와 방법을 재설정해서 공부 효율을 제고할 수 있습니다.

방법은 복잡하지 않습니다. 간단한 질문이 사고를 유연하게 만듭니다. 어릴 때부터 “대안이 뭘까?” “다른 방법도 괜찮지 않을까?”라고 자주 묻고 대화하는 부모가 아이의 생각을 부드럽고 유연하게 만들 수 있습니다.

'될 대로 돼라 효과'에 빠져 있다면

"너는 아직 실패하지 않았어"

2019학년도에 비수도권 의대와 서울대 공대에 합격한 채희는 고민 끝에 의대 신입생이 되는 걸 택했습니다. 채희는 의지가 아주 강한 아이입니다. 가장 오랫동안 집중력 있게 공부하는 아이 중에 하나였습니다.

그런데 채희는 다른 아이들이 못 해낸 일을 하나 성취했습니다. 체력 부담이 무척 컸던 고등학교 시절에 체중 감량을 해낸 것입니다. 2학년 1학기에 10kg 이상을 감량한 채희는 입학 때와 졸업할 때 얼굴이 전혀 달라졌다는 이야기를 들었습니다.

식사량을 줄이고 꾸준히 운동도 하면서도 공부 또한 열심히 했던 게 놀라웠습니다. 해야 하거나 하고 싶은 일을 강한 의지로 꼭 해내는 채희는 정말 대단합니다. 주변에서 채희 엄마에게 많이 물어봤죠.

강한 의지력의 비결이 궁금했던 겁니다.

주변 사람은 채희가 '이를 악물고' 참아낼 거라고 생각했습니다. 그런데 채희 엄마의 답은 의외였습니다. 어떤 일이든 어렵지 않게 해낸다는 것입니다. 다이어트만 해도 그랬답니다. 채희는 자신의 체중과 사투를 벌인 것이 아니었습니다. 대신 다이어트에 성공한 후의 자기 모습을 하루에도 여러 번 상상했다고 합니다. 미래의 멋있는 모습을 그려보면서 다이어트를 하니 고통이 덜했던 것입니다. 또 치킨이나 감자튀김은 미래의 행복한 그림을 깨트리는 것이니까 저절로 멀리하게 되었다고 합니다.

채희는 의지력이 강한 아이입니다. 그런데 자신과 싸우는 의지력이 아닙니다. 이를 악물고 버티는 의지력도 아니었습니다. 대신 상상하면서 즐겁게 목표를 향했습니다. 강력한 의지의 바탕은 놀랍게도 행복한 상상이었습니다.

행복한 상상이 의지력을 강하게 만든다

채희는 다음에 소개하는 마시멜로 실험을 통과한 아이들과 공통점이 있습니다. 상상력을 이용해 유혹을 이겨내고 목표를 이루었다는 점에서 꼭 닮았습니다. 우리 아이에게도 그 방법을 가르칠 수 있다면 얼마나 좋을까요.

1970년대 미국 스탠포드 대학의 심리학자들이 진행했던 마시멜로 실험은 많이 알려져 있습니다. 실험에 참가한 아이들은 평균 나이가 4살 남짓이었는데, 실험 진행자는 탁자 위에 마시멜로 등 맛있는 것을 놓아두고 아이에게 조건을 제시했습니다. 당장 먹어도 좋은데 자신이 나갔다 돌아올 때까지 15분을 기다리면 두 개를 주겠다고 했습니다.

아이들마다 참아낸 시간이 달랐습니다. 일부는 실험 진행자가 나가자마자 즉시 마시멜로를 집어 먹었고, 일부는 30초 정도 참다가 먹었으며, 3분의 1 정도는 15분 동안 기다리는 데 성공해서 마시멜로를 두 개 먹을 수 있었습니다.

미국의 심리학자 로이 바우마이스터Roy F. Baumeister에 따르면 의지력은 자신을 통제할 수 있는 에너지입니다.* 달콤한 마시멜로 앞에서 스스로를 통제했던 아이들은 의지력이 아주 강한 아이들입니다.

그런데 그 어린 시절의 의지력이 인생 전체를 좌우한다는 게 연구팀의 놀라운 발견이었습니다. 수십 년 동안 아이들을 추적 연구했는데, 우선 어릴 때의 의지력 수준에 따라 미국 대입자격시험SAT의 점수가 다른 것으로 나타났습니다. 15분을 기다린 아이가 30초만 기다렸던 아이에 비해서 210점 높았다는 것입니다. 또 의지력이 강했던 아이가 대학 졸업 확률도 높았고, 더 많은 돈을 벌며, 약물 의존 확률과 비만도는 낮았다는 것입니다.

---

* 미국 하이 퍼포먼스 연구소의 홈페이지(highperformanceinstitute.mykajabi.com)에 실린 글 "Increasing Willpower"에서 설명한 것입니다.

그런데 아이들은 어떻게 먹고 싶은 욕구를 참아냈을까요? 미국의 심리학자 조너선 하이트Jonathan Haidt는 아이들이 유혹적인 마시멜로에서 눈을 떼고는 즐거운 상상을 했다고 설명했습니다.• 아이들은 이를 악물고 욕구를 억압한 것이 아닙니다. 뭔가 기분 좋은 생각을 하면서 스스로를 통제했습니다.

아이들이 어떤 상상을 했는지 내용까지 알 수는 없지만 추정은 가능합니다. 즐거운 만화 영화의 내용이나 강아지와 노는 장면을 상상했을 수 있습니다. 또 나중에 마시멜로를 두 개씩이나 먹는 자신을 상상했을 수도 있죠. 달콤한 것을 입에 넣고 행복해할 자신을 떠올렸다면 기다림이 전혀 힘들지 않았을 것입니다.

앞서 소개한 채희도 상상력의 힘을 활용해서 자신을 이겨냈습니다. 억지로 충동을 눌러서는 견디기 힘듭니다. 15분 후이건 15년 후이건 행복한 미래를 상상해야 의지가 강해지는 것입니다. 공부나 다이어트나 다 마찬가지일 것입니다. 미래의 자신이 얼마나 눈부신 존재가 될지 구체적으로 상상하는 사람이 자신을 통제하게 됩니다. 현재에만 빠져 있으면 의지력이 약해집니다. 마시멜로 실험에서도 마시멜로를 뚫어지게 쳐다본 아이는 유혹을 이기지 못했습니다. 현재에서 시선을 돌려 미래를 상상해야 의지가 강해집니다.

여기서 부모가 기억할 중요한 팁이 도출됩니다. 아이의 의지력을 강화시키려면, 압박해서는 효과가 별로 없습니다. 대신 아이가 행복

• 『The Happiness Hypothesis』 1장에 관련 내용이 있습니다.

한 상상을 하도록 이끄는 것이 훨씬 낫습니다. 꿈을 이루면 어떤 기쁨을 누리고 얼마나 웃고 즐거울지 설득력 있게 묘사할수록 자녀는 더 강한 의지력을 갖게 될 것입니다.

환경을 바꾸면, 의지력이 강화된다

자녀의 의지력을 키워주려면 환경 개선도 고려할 만합니다. 환경을 바꾸면 저절로 의지가 강해진다고 주장하는 이들이 많은데, 미국의 작가 제임스 클리어James Clear가 대표적입니다.

제임스 클리어의 환경 개선 방법은 간단합니다.* 해야 할 일이 있는데 휴대폰을 자꾸 들여다보게 된다면 휴대폰을 몇 시간 동안 다른 방에 갖다 놓습니다. 휴대폰을 안 보겠다고 의지를 억지로 다질 필요가 없어집니다. TV를 너무 많이 보면서 시간을 낭비한다면 TV를 침실로 옮기면 됩니다. 또 전자기기 구입에 돈을 많이 써서 문제라면 구매력을 억누를 필요 없이 제품 리뷰를 읽지 않으면 해결됩니다. 의지력을 훼손할 조건들을 제거하고 의지력을 돋울 환경을 만들면, 저절로 의지력이 강해진다는 설명입니다.

우리도 그대로 응용하면 될 것 같습니다. 아이가 TV에 몰두하는 게 정말 걱정이라면 아주 작은 TV를 사면 문제 해결입니다. 크기가

* 제임스 클리어의 저서 『Atomic Habits(아주 작은 습관의 힘)』에서 설명한 방법입니다.

작고 구형일수록 TV 시청 시간이 줄어들 겁니다. 또 부모의 방으로 TV를 옮기는 것도 방법입니다. 화질이 뛰어난 대형 TV를 거실에 걸어놓고 TV를 보지 말라고 지시하는 건 오히려 가혹한 일입니다. 코앞에 사탕을 들이밀고는 침 흘리지 말라고 하는 것과 똑같습니다.

그리고 집안의 와이파이를 끄는 날을 정해도 의지력 강화에 좋습니다. 오래 공부하겠다는 아이의 의지는 꺾이지 않고 지속될 것입니다. 덤으로 부모와의 대화 시간도 늘어날 테니 더욱 좋겠죠.

이외에도 여러 가지 방법이 있겠죠. 자녀의 다이어트를 원한다면 비만을 유발하는 음식을 집에 두지 않아야 합니다. 책을 읽게 만들려면 집안을 지극히 심심하고 지루하게 만들어야 합니다. 그렇게 환경을 바꿔야 자녀의 의지가 흔들릴 일이 없어집니다. "의지를 갖고 노력하라"고 잔소리하는 것보다는 유혹의 원인을 집안에서 과감히 치우는 부모가 현명합니다.

허리를 펴고 앉아도 의지력이 강해진다

미국의 심리학자 로이 바우마이스터Roy F. Baumeister에 따르면, 의지력을 몇 주 안에 강화하는 게 가능합니다.*

---

* 그가 여러 책과 글에서 그렇게 주장했는데 여기서는 미국 하이 퍼포먼스 연구소의 홈페이지(highperformanceinstitute.mykajabi.com)에 실린 글 "Increasing Willpower"를 참고했습니다.

의지력 분야의 전문가인 그가 추천하는 방법은 자세를 고치기입니다. 서 있거나 앉아 있는 동안 흐트러진 자세를 바르게 고치는 것입니다. 왼쪽으로 기울어진 몸을 바로잡거나 허리를 펴는 것이죠. 또 거북목을 꼿꼿이 세우는 것도 방법입니다. 이렇게 자세 고치기를 하루에 여러 번 반복하면 신기하게도 의지력이 강해집니다. 오래 훈련해야 하는 것도 아닙니다. 자세 고치기 연습을 2주 동안 지속한 사람들을 실험실에서 테스트해 보니 집중력과 감정 조절 능력을 포함해 전반적인 자기 통제력이 강화되었다고 합니다.

언어 습관을 바꾸는 노력을 해도 의지력이 강화된다고 로이 바우마이스터는 강조합니다. 욕설을 하는 습관이나 말을 완결적으로 끝맺지 않는 버릇을 고치려고 몇 주간 노력을 하면 의지력이 전체적으로 상승한다고 합니다. 또 오른손잡이의 경우 왼손으로 칫솔질을 하고 왼손으로 마우스를 쓰면 의지력이 커집니다. 힘든 운동도 의지력 강화의 좋은 방법입니다. 그렇게 일상 속에서 단련된 의지력은 결국은 감정 통제력을 강화하고 공부 의지력도 단단하게 만든다고 합니다.

그런데 이유가 뭘까요? 왼손 칫솔질이 공부 의지력까지 높이는 원인이 뭘까요? 그것은 의지력이 심폐 지구력과 비슷하기 때문입니다. 심폐 기능은 러닝머신 위를 달리면 강화되는데, 강화된 심폐 기능은 나중에 등산을 하거나 수영을 할 때도 그대로 활용됩니다. 의지력도 같습니다. 자세 고치기나 언어 습관 교정을 통해서 강화된 의지력은 공부할 때나 감정을 조절할 때도 쓰이는 것입니다.

미국 신경과학자 에린 클래보Erin Clabough의 설명도 비슷합니다.* 예를 들어서 몇 주 동안 용돈을 계획적으로 쓰는 훈련을 하고 나면 공부도 계획적이고 효율적으로 하게 된다고 합니다. 아울러 집안일도 더 열심히 하는 등 전반적으로 성실해집니다. 용돈 쓰기를 통해서 자기 통제력을 키웠더니 그것이 공부와 생활 문제까지 개선시켰다는 것입니다.

한 분야에서 강화된 의지력은 다른 분야로 파급됩니다. 그러니까 어릴 때부터 "인내하면서 공부하라"고 시킬 게 아닙니다. 식탁 매너, 운동, 자세 고치기, 용돈 계획적으로 쓰기, 방 정리 등 '비교과' 분야에서 의지력을 길러주면 결국으로 공부 의지력으로 발전하게 됩니다.

비난보다 따뜻한 이해가 필요한 이유

의지력을 강화하는 또 다른 방법은 따뜻한 이해입니다. 의지력이 약한 아이는 보통 야단을 맞고 겁박을 듣게 됩니다. 가령 노숙자 경고가 있습니다. 어른들은 흔히 말합니다. "공부를 안 하면 길에서 먹고 자는 노숙자가 될지도 몰라. 얼마나 배고프고 춥고 창피하겠니?

---

* 에린 클래보 박사가 저서 『Second Nature: How Parents Can Use Neuroscience to Help Kids』 9장에서 설명했습니다.

너는 열심히 공부해야 한다."라고 겁주는 게 우리식 훈육의 전형이었습니다. 수십 년 동안 부모들은 두려움과 죄책감 등 심리적 고통을 줘야 아이의 공부 의지가 강해진다고 믿어왔던 것입니다.

그런데 잘못된 생각입니다. 자녀에게 심리적 고통을 주면 오히려 의지가 꺾이게 됩니다. 반대로 따뜻하게 이해하고 응원해야 의지력이 강화됩니다. 미국 심리학자 켈리 맥고니걸Kelly McGonigal의 주장을 들어보겠습니다.•

맥고니걸은 '될 대로 돼라 효과what-the-hell effect'로부터 이야기를 시작합니다. 다이어트를 하다가 치킨 한 조각을 먹게 된 사람은 자책에 빠져 듭니다. '내가 왜 그랬을까? 나의 의지는 왜 그렇게 박약할까?'라고 한탄합니다. 그렇게 괴로워한 뒤에 다이어트를 다시 재개하게 될까요? 그렇다면 다행이지만 많은 경우 포기로 이어집니다. 치킨 한 조각을 탐닉한 사람은 '될 대로 돼라'고 자포자기하고는 닭 한 마리를 다 먹어버리는 것이죠. 또 금주를 결심한 사람도 비슷합니다. 열흘 동안 참았다가 술 한 잔을 탐닉한 사람은 자책하며 괴로워하다가 결국은 폭음을 택하게 됩니다. 또 쇼핑을 끊겠다고 굳게 약속한 사람은 가방을 하나 충동 구입한 후에는 결심이 완전히 붕괴됩니다. 그렇게 '작은 탐닉 → 심리적 고통 → 더 심한 탐닉'의 사이클을 돌게 만드는 것이 바로 '될 대로 돼라 효과'입니다.

공부하는 학생도 비슷한 위험에 노출됩니다. 예를 들어서 굳게 다

• 『Willpower Instinct』의 6장에 나온 내용을 간추려 소개합니다.

짐하고는 일주일 정도 공부를 열심히 했던 학생이 어느 날 친구들과 반나절 놀아버렸습니다. 죄책감이 커지겠죠. 자기 비난을 할 겁니다. 괴로움을 느끼는 이 학생이 다시 공부를 시작하면 다행이지만 반대인 경우도 흔합니다. "될 대로 돼라"를 외치며 공부 계획을 다 팽개치고 완전히 놀게 되는 것입니다.

맥고니걸은 "자기비판은 낮은 동기화와 약한 자기 통제력으로 이어진다"는 걸 많은 연구들이 입증한다고 말합니다. 즉 자신을 비판하면서 괴로워하면 공부할 의욕을 잃게 되고, 자신을 통제할 힘도 약해진다는 것입니다.

그러면 어떻게 해야 할까요. 건전한 삶을 목표로 달리다가 치킨을 한 조각 먹거나 쇼핑을 한 번 한 사람은 어떤 마음이어야 좋을까요. 맥고니걸은 자기 용서가 필요하다고 말합니다. 스스로 용서하고 이해하고 껴안으라고 합니다. 이를테면 "괜찮다" "그럴 수도 있다"라고 자기에게 말해줘야 한다는 것이죠.

이게 말이 되는 소리일까요? 상식에 반하는 소리로 들립니다. 의지가 약해진 자신을 강력하게 비난하고 채찍질해야 상황이 나아진다고 사람들은 생각합니다. 그런 상식에 따르면 우리는 '나는 정말 바보 같은 짓을 했다. 이러면 나는 끝장이다. 벼랑 끝에서 떨어지게 될 것이다.'라고 생각해야 맞습니다.

그런데 맥고니걸에 따르면 그런 심리적 고통은 오히려 해가 됩니다. 고통을 느끼면 사람은 본능적으로 달콤한 위로를 찾게 됩니다. 식탐과 쇼핑의 쾌감을 통해 스스로를 달래려고 할 것입니다. 더 먹고 더 놀고 더 망가지게 되는 것이죠. 될 대로 돼라는 마음입니다.

반대로 자신의 실수를 용서한 사람은 이득이 많습니다. 더 악화되지 않고 금방 본 궤도로 돌아갈 확률이 높습니다. 따라서 공부 결심이 느슨해진 학생도 자신을 혐오할 게 아니라 용서해야 합니다. 스스로 미워하며 고통에 빠지면, 사람은 본능적으로 자극적 탐닉을 추구합니다. 자포자기해서 더 신나게 놀게 될 확률이 커지는 것이죠.

부모의 금기도 분명해집니다. 의지가 약해 성적이 떨어진 아이를 야단치면 안 되는 것입니다. 그렇지 않아도 괴로운 아이를 야단치면 불길에 기름을 붓는 것과 같습니다. 아이는 '될 대로 돼라'고 자포자기할 수 있습니다. 자녀가 의지력을 되찾기를 원한다면 반대여야 합니다. 용서하고 응원해야 하는 것이죠.

부모가 착하고 다정한 말을 해야 합니다. 말로 괴롭히지 않아야 아이의 의지가 회복됩니다. 구체적인 예를 들면 다음과 같습니다.

자녀의 의지를 약화시키는 말	자녀의 의지를 강화하는 말
뭘 잘했다고 울어?	슬퍼하지 마. 네 잘못 아니야.
계속 이따위면 너 인생 끝이야. 대학도 못 가!	지금이 고비다. 다시 긴장하자.
너는 치명적인 실수를 했어.	문제를 찾아서 고치면 돼.
창피하지 않니? 성적이 이게 뭐야?	누구나 실수하는 거야. 성적은 다음에 꼭 올리자.

비난이 아니라 용서가 의지를 강력하게 만듭니다. 저주가 아닌 축복이 아이의 마음을 다시 굳건하게 만듭니다. 괜찮으니 다시 노력하라고 말해줄 때 아이는 신이 납니다. 안타깝게도 많은 부모들이 이 사실을 모른 채 아이를 기릅니다. 운전면허 없이 가족을 차에 태우고 달리는 격입니다.

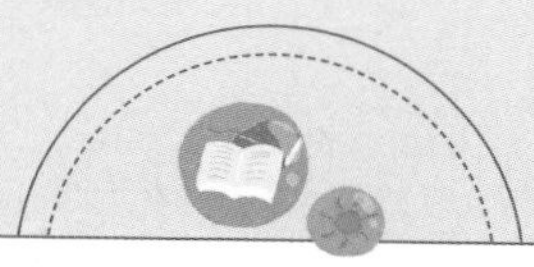

자기 조절력을 높이는

부모 말투

"이 행동의 결과를 먼저 생각해 봐!"

"천천히 숨을 다섯 번 쉬어봐."

"친구의 한마디에 기분이 가라앉으면 큰 손해야. 너는 소중한 행복을 잃게 되는 거야."

"지금 슬픔은 몇 단계 정도 돼?"

"가장 좋아하는 것 세 가지만 떠올려봐. 뭐가 있을까?"

"몸을 움직여도 기분이 풀려. 이 방법을 한번 써볼까?"

"내가 먹고 싶은 음식의 재료가 집에 없다면 어떻게 해야 할까?"

"어떤 놀이를 하고 싶은데 친구가 원치 않으면 어떻게 해야 할까?"

"아이들에게 어떻게 행동하고 말하라고 가르치는 건 네가 할 일이 아냐. 그건 선생님이 하실 일이야. 너는 너의 일만 하면 충분해."

"대안이 뭘까? 다른 방법도 괜찮지 않을까?"

"누구나 실수하는 거야. 문제를 찾아서 고치면 돼. 성적은 다음에 꼭 올리자."

5

자기 주도

엔진 없는 아이는 끝내 **표류**한다

인생의 무수한 일들이 우연이라고 생각하면 무력감에 빠집니다. 반대로 나의 선택이나 행위에 따라 사건이 결정된다면 의지가 솟아오릅니다. 사람이 인생을 결정할 수 있다고 말해주는 부모가 아이를 삶의 주인으로 만듭니다. 아이가 미래를 상상하게 도와주는 게 필요합니다. 미래에 내가 무엇이 될지 정하고 나면 마음이 굳건해집니다. 미래의 나를 상상하면서 한 걸음 한 걸음 나아가는 아이가 삶의 주인입니다.

부모가 판단하기 전에 먼저 묻기

"이건 옳은 걸까, 틀린 걸까?"

엄마가 된다는 건 자신보다 소중한 생명이 생긴다는 뜻입니다. 엄마는 품 안의 작고 여린 아이를 세상의 모든 위험으로부터 지키려 합니다. 어쩔 수 없는 경우라면 아이 대신 자기 희생을 받아들이는 게 엄마입니다. 물론 아빠도 똑같이 헌신적인 보호자입니다. 아빠 또한 아이를 보호하기 위해 모든 걸 내놓을 수 있습니다.

그런데 고마운 보호자가 둘씩이나 곁에 있다는 게 아이에게 축복만은 아닙니다. 부모의 보호 의지가 지나치면 오히려 아이에게 해가 됩니다. 무엇보다 아이는 자율성과 판단력을 기를 수 없게 됩니다.

예를 들어보겠습니다. 집 밖의 세상은 위험합니다. 자동차에서 사람까지 조심해야 할 대상이 많습니다. 그런 위험에 대해서 아이에게 어떻게 가르쳐야 할까요?

(1) "이것도 위험하고 저것도 위험해. 항상 조심해야 해."

(2) "이건 위험하고, 그건 위험하지 않아. 위험하지 않은 일은 해도 돼."

겁 많은 엄마 아빠가 (1)처럼 말합니다. 아이에게는 부모의 잦은 위험 경고가 아주 해롭습니다. 뭐든 하려고만 하면 위험하다고 부모가 외친다고 생각해 보세요. 아이는 세상이 극히 위험한 곳이라고 생각하게 될 것입니다. 호랑이, 뱀, 악어 등이 어디서 튀어나올지 모르는 무서운 정글에 떨어진 느낌이겠죠. 아마 평생 겁쟁이로 살아가게 될 겁니다.

저희 부부는 그렇게 아이를 길렀던 것 같습니다. "이것은 위험하고, 저것은 해롭고, 그것은 위험천만하다"라고 말하는 게 버릇이었습니다. 관찰해 보면 대개의 부모들이 비슷합니다. "안 돼, 위험해"라고 소리치는 게 부모의 습관인 것이죠. 그 결과 많은 아이가 겁쟁이로 자라납니다. 다 커서도 세상이 무서워 오들오들 떨게 되는 것입니다.

(2)처럼 구별해 주는 것이 더 좋습니다. 위험한 것과 아닌 것을 알려주고, 안전한 것은 얼마든지 즐겨도 된다고 말해주는 것입니다. (2)처럼 위험과 안전을 구별해 줘야 아이가 인생을 조심조심 즐기는 행복한 어른으로 성장하게 될 것입니다.

심약한 부모는 위험뿐 아니라 실수로부터도 아이를 철저히 보호하려고 합니다. 아이가 저지른 실수로 인해 상처받을까 봐 두려워서 부모가 직접 나서는 것입니다.

예를 들어보겠습니다. 아이에게 보통 어떻게 말하는 편인가요?

(1) "그건 옳지 않으니까 안 돼. 이건 옳으니까 이렇게 해야 해."

(2) "그건 틀렸고, 저건 옳아. 그런데 이것은 옳은 걸까, 틀린 걸까?"

(1)처럼 말하는 부모가 대다수입니다. 저희도 그랬습니다. 옳고 그른 것을 다 정해주려고 합니다. 초등학교 고학년이 된 아이에게도 그랬습니다. 결과는 좋지 않았습니다.

(1)처럼 옳고 그름을 엄마가 대신 판단해 주는 것은 해롭습니다. 엄마가 아이 대신 운동해서 팔근육을 키우는 것과 똑같습니다. 아이는 판단력이 부족한 어른으로 자랄 수 있습니다.

(2)는 다릅니다. 아이에게 옳고 그름을 판단하도록 권하고 있습니다. 그렇게 가르쳐야 자녀가 분별 능력을 갖게 될 것입니다. 아이의 근력을 키우고 싶다면 아이의 손에 아령을 쥐어주는 게 맞습니다.

아이를 과보호하는 부모가 많습니다. 그 결과 아이는 겁쟁이가 됩니다. 또 옳고 그름을 가리지 못하는 판단력 미숙아로 평생 살게 됩니다.

그런데 과보호를 받고 자란 아이에게는 더 많은 문제가 생깁니다. 지적 능력이 떨어지는 것입니다. 구체적으로는 문제 해결 능력이 낮아지고 자기 효능감이 하락하며 학교 성적까지 나빠질 수 있습니다. 그런 사실을 미국에서 진행된 연구들이 밝혀냈습니다.

자녀의 공부 자신감을 망치는 육아 스타일

'헬리콥터 맘'이라는 영어 개념을 많이들 아실 겁니다. 헬리콥터처럼 곁에 떠다니며 아이를 철저히 살피고 돕는 과보호 엄마를 뜻합니다. 안타깝게도 사랑이 깊은 이런 엄마의 육아가 자녀의 학습 능력을 망가뜨립니다.

2016년 미국 플로리다 대학의 학생들을 대상으로 한 연구가 있었는데, 연구 주제는 과보호가 낳는 심리적 결과입니다.•

학생들은 크게 두 부류로 나뉘었습니다. 한 그룹의 대학생들은 자신의 어머니가 '헬리콥터 맘'이라고 평가했습니다. 자녀 문제에 개입하고 자녀 행동을 사사건건 통제하는 것이 헬리콥터 맘의 특징입니다. 다른 그룹의 대학생은 어머니가 허용적인 태도를 보인다고 답했습니다. 자녀의 자율적 결정권을 존중했다는 것입니다.

연구 결과 자율적으로 자란 대학생들은 심리적으로 튼튼했습니다. 복잡한 일이 생기거나 어려움을 겪어도 버티는 지구력이 강했습니다. 또 삶에 대한 만족도도 높았습니다. 자신의 삶을 좋아했다는 말입니다. 그리고 자기 효능감도 컸습니다. 자신이 어떤 일을 해낼 수 있다는 자신감이 컸다는 뜻이죠.

반면 과보호를 받고 자란 대학생들은 심리적으로 허약했습니다.

• 한 학술지에 발표된 논문 제목은 "Helicopter Parenting and Emerging Adult Self-Efficacy"이며, 대학에서 가족 아동 과학을 가르치는 Mallory Lucier-Greer 교수가 공동 저자 중 한 명입니다.

무엇보다 자기 효능감이 낮았습니다. 어려운 일을 해낼 자신이 없었던 것입니다. 불안감도 컸고 우울했습니다. 그 이유는 충분히 추정 가능합니다. 모든 걸 엄마가 대신 해줬으니 아이가 자신감을 키울 기회가 없었던 것입니다.

2016년에는 미국 마이애미 대학의 애런 루벤Aaron Luebbe 교수가 377명의 대학생을 대상으로 조사를 했는데 결과가 비슷했습니다.•

과보호 스타일의 부모에게서 자란 학생들은 우울했고 자신감이 부족했으며 결정 능력도 결핍되었다는 것입니다. 게다가 성적까지 낮은 것으로 나타났습니다. 하나하나 헌신적으로 보살핀 부모는 아이가 공부까지 못하게 될 것이라고 상상도 못 했을 것입니다.

부모의 육아 스타일의 자녀의 행불행을 가릅니다. 자율 육아는 자녀를 행복하게 합니다. 자신감이 넘치고 문제 해결 능력도 높습니다. 반면 과보호 육아는 자녀를 불행하게 합니다. 자신감이 없고 학교 성적도 낮아집니다.

여기서 중요한 사실을 알게 됩니다. 어떤 아이가 "나는 자신감이 너무 부족해요"라면서 괴로워한다면 책임은 누구에 있을까요? 아이의 선천적 기질도 원인이겠지만, 자라는 내내 과잉 보호하고 대신 결정을 내려준 부모의 책임도 적지 않습니다. 나아가서 과보호 육아는 자녀의 생활 자신감뿐 아니라 공부 자신감도 떨어뜨릴 게 분명합니다.

• 관련 논문의 제목은 "Dimensionality of Helicopter Parenting and Relations to Emotional, Decision-Making, and Academic Functioning in Emerging Adults"이며 『SAGE Journals』에 실렸습니다.

과보호가 독이 되는 이유

과보호 부모가 되지 않으려면 기억할 게 있습니다. 부모와 자녀의 주도권 관계는 세 종류입니다. 육아 전문가들이 말하는 그 세 단계는 아래와 같습니다.

(1) 부모가 주도하는 단계

(2) 자녀와 부모가 협상하는 단계

(3) 자녀가 주도하는 단계

먼저 부모가 리드할 때가 있습니다. 부모가 일방적으로 결정하고 요구합니다. 그런데 두 번째 관계는 동등한 협상 관계입니다. 아이가 원하는 걸 요구하고 부모가 받아들이면 둘은 협상 파트너입니다. 마지막으로 자녀가 주도권을 가질 때가 있습니다. 친구와의 만남을 스스로 결정하고 부모에게 통보만 한 후 집을 나서는 경우입니다. 또 공부할 시간이나 진로 문제에 대해 큰 발언권을 가졌다면 역시 자녀 주도적인 관계입니다.

가족 내의 주도권은 부모 주도 관계에서 자녀 주도 관계로 이동하게 됩니다. 어릴 때는 부모가 완전히 주도하지만 결국은 자녀가 자기 삶을 주도하게 됩니다. 그리고 그런 변천 과정은 건강한 것입니다. 그런 과정을 밟아야 아이가 정신적으로 성장합니다. 계속 품안에 두려는 과보호 부모는 아이의 성장을 막게 됩니다. 과보호 부모는 해로운 부모입니다. 그렇게 인식하면 과보호를 멈추는 데 도움이 될 것입니다.

과보호를 줄이는 구체적인 팁도 있습니다. 아동 교육 전문가인 메리트 크랍Merete Kropp의 지적이 단순 명료합니다.*

(1) 아이의 말에 귀를 기울인다. 부모가 경청하면 아이는 자신의 관점이 가치 있다는 걸 알게 된다.
(2) 아이에게 해결책을 물어본다. 즉 "이 문제를 풀려면 네가 뭘 하면 될까?"라고 묻는 것이다. 그런 질문에 답하는 과정에서 아이의 문제 해결 능력이 자라게 된다.
(3) 문제를 해결할 시간을 준다. 빨리 해결해 주려고 부모가 나서면 안 된다.
(4) 선생님을 믿는다. 교사는 아이를 보호하고 성장을 돕는 전문가다.
(5) 실패를 배움의 기회로 여긴다. 아이가 경험하는 실패와 실망이 아이를 성장하게 한다는 걸 명심한다.

아이 말을 경청하고, 아이가 해결 방법을 생각하도록 이끌고, 조급해하지 않고, 선생님을 신뢰하며, 실패를 오히려 좋게 봐야 하겠습니다. 맞습니다. 모두 좋은 지적입니다.

* 『워싱턴포스트』에 2016년 10월 7일 기고한 글 "Five ways to avoid becoming a helicopter parent"를 참고했습니다.

그런데 필요한 것이 하나 더 있습니다. 부모에게는 강한 마음이 필요합니다. 심약하면 아이가 힘들어하는 걸 지켜보지 못하고 자기도 모르게 개입하게 됩니다.

돌아보면 저희 부부도 무척 심약했던 것 같습니다. 실패를 겪거나 실망을 해서 아이가 쓰러지면 가슴이 아파 견디기 힘들었습니다. 그래서 뛰어들어서 일으켜 세우고 눈물을 닦아준 후 대신 일을 처리해준 적이 많습니다.

오랜 기억 몇 가지를 떠올려 보겠습니다. 초등학교 저학년 때는 만들기 숙제를 대신했던 기억이 납니다. 고사리 손에 가위를 쥐고 색종이를 자르느라 쩔쩔 매는 모습이 안쓰러웠습니다. 아이가 색종이를 삐뚤빼뚤 오리면서 힘들어했어도 도와주는 게 아니었습니다. 놔둬야 가위질이 더 빨리 늘 테니까 말입니다. 또 레고 블록 만들기도 도왔습니다. 너무 어려워서 울음이 터지기 직전이었던 아이가 불쌍했습니다. 그래서 엄마가 설명서를 집어 들고는 뚝딱 만들어줬습니다. 그냥 내버려뒀어도 괜찮았을 텐데 말입니다.

그런 과잉 보호는 해롭습니다. 실패를 통해서 배울 기회를 아이에게 박탈하기 때문입니다.

때로는 차가워야 좋은 부모입니다. 아이가 힘들어해도 꾹 참아내고 눈빛으로만 응원하는 엄마 아빠가 이상적입니다. 쿨한 마음을 가진 부모가 자기 효능감이 높으며 공부 자신감도 큰 아이로 기를 수 있습니다.

회복 탄력성을 높이는 말

"네 인생의 주인공은 너니까"

"태어나게 해서 미안하다"고 말한 엄마를 압니다. 큰 병으로 고통받는 아이 앞에서 눈물 흘리며 했던 말입니다. 그 정도까지는 아니어도 모든 부모는 미안합니다. 아이를 크고 작은 삶의 고통에서 보호하지 못해서 안타깝게 마련입니다. 삶의 고난을 죄다 차단하는 건 불가능하지만, 그래도 이겨내는 방법을 아이에게 가르칠 수 있는 건 큰 다행입니다.

여기서는 용기에 대해서 이야기하겠습니다. 우리 아이가 용감하게 인생의 고난을 이겨낼 수 있다면 얼마나 좋을까요. 굳센 용기를 부모가 아이에게 심어줄 수 있습니다. 해외의 유명한 연구자들이 제시하는 세 가지 방법을 선별했습니다.

자기 삶의 주인이라는 감각

여러분의 처지라고 상상해 보십시오. 태어나 보니 아주 가난해서 교육을 받기도 어려운 집이었습니다. 게다가 부모는 알코올 중독자였고 매일 싸움이 끊이지 않습니다. 이런 환경에서 자라면 여러분은 어떤 어른이 될까요.

실제로 그런 양육 환경의 영향을 연구한 사람이 있습니다. 미국의 심리학자 에미 워너Emmy E. Werner가 1950년대 하와이 카우아이에서 태어난 아이들의 성장 과정을 30여 년간 추적 연구했습니다.

아이들 중 상당수는 아주 불우한 환경에서 자랐습니다. 대체로 집이 가난했습니다. 가족이 화목하지 않았고 다툼도 많아 성장기 내내 스트레스가 심했을 것입니다. 또 부모 중에는 정신적 질환이나 알코올 중독 문제를 겪는 사람도 적지 않았습니다.

그렇게 환경이 최악이었던 아이의 미래는 어땠을까요. 30년 후에 확인해 보니 3분의 2는 범죄자 등 불행한 성인으로 자랐습니다. 하지만 3분의 1은 모범적이었습니다. 역경을 딛고 바르게 자란 그들에게는 뚜렷한 공통점이 있었는데요. 심리학자 아담 그랜트Adam Grant는 이렇게 말합니다.*

"심각한 어려움을 겪었음에도 3분의 1의 아이는 '능력 있고 자신감

* 아담 그랜트와 셰릴 샌드버그(Sheryl Sandberg)가 함께 쓴 『Option B』 7장에 나온 내용입니다.

넘치며 남을 돌볼 줄 아는 성인'으로 자랐다. 비행이나 정신 건강 문제의 기록도 전혀 없었다. 이처럼 회복 탄력성이 높은 아이들이 공유하는 게 있었다. 그것은 자기 삶을 통제한다는 느낌이 강했다는 점이다. 그들은 자신이 자기 운명의 주인이라고 생각했다."

나쁜 환경에 휘둘리지 않고 바르게 자란 아이들은 삶의 주인이었습니다. 자신이 삶과 운명을 개척할 수 있다고 믿었던 것입니다. 아주 중요한 포인트입니다.

내 삶이 환경이나 누군가에게 좌우된다고 생각하면 무책임해집니다. 핑곗거리도 많아집니다. 비난도 매일 쏟아내겠죠. 반대로 내 삶을 나 자신이 결정한다고 믿으면 다릅니다. 책임감이 생깁니다. 핑계를 대지 않습니다. 문제 해결을 위해 진지하게 노력할 수 있습니다.

그렇게 삶의 주인 의식을 갖고 있으면 집이 가난하고 부모가 알코올 중독자이며 허구헌날 다툼이 끊이지 않는 환경 속에서 올곧게 자랄 수 있습니다. 우리 아이들도 그렇게 키워야 하지 않을까요. 내 삶이 자기 자신의 것이라는 확고한 신념을 심어줘야 하는 것입니다.

아이를 삶의 주인으로 자각시키려면 부모가 할 일이 있습니다. 세 종류의 일을 해야 합니다. 미국 펜실베이니아 대학 병원의 소아과 의사 케네스 긴스버그 Kenneth Ginsburg는 부모들에게 이렇게 질문합니다.•

• 『Building Resilience in Children and Teens』 3장에 나온 설명입니다.

(1) "인생의 사건이 우연이 아니라 행위의 결과일 때가 많다고 아이에게 가르치나요?"
(2) "아이가 미래에 대해서 생각하며 한 걸음씩 떼게 도와주나요?"
(3) "아이가 작은 성공의 기쁨을 느끼게 도와주나요?"

인생의 무수한 일들이 우연이라고 생각하면 무력감에 빠집니다. 반대로 나의 선택이나 행위에 따라 사건이 결정된다면 의지가 솟아오릅니다. 사람이 인생을 결정할 수 있다고 말해주는 부모가 아이를 삶의 주인으로 만듭니다. 이렇게 조언하는 게 좋겠습니다.

"너의 성적이 오른 것은 운이 좋아서가 아니다. 네가 열심히 공부한 덕분이다. 너는 훌륭하다."
"너는 커서 복권을 사지 마라. 대신 저축을 해라. 행복은 운으로 얻을 수 없다. 노력의 결과다."

두 번째로는 아이가 미래를 상상하게 도와주는 게 필요합니다. 미래에 내가 무엇이 될지 정하고 나면 마음이 굳건해집니다. 미래의 나를 상상하면서 한 걸음 한 걸음 나아가는 아이가 삶의 주인입니다. 이렇게 조언하면 될 것 같습니다.

"사람은 꿈을 꾸면 뭐든지 될 수 있다. 반대로 꿈을 꾸지 않으면 아무것도 될 수 없다."

"1년 후 너는 어떤 모습이 되고 싶니? 노력하면 미래의 너는 아주 행복해질 것이다."

끝으로 자녀가 작은 성공의 기쁨을 느끼게 돕는 것도 중요합니다. 이것은 계획을 세울 때나 자신감을 심어주기 위해서도 지켜야 할 원칙입니다. 크고 원대한 성공을 향하라고 지시하면 아이는 주눅이 듭니다. 까마득한 암벽을 오르는 것처럼 두려운 게 당연하죠. 대신 산길의 계단길을 오르게 해야 합니다. 작은 성공의 중요성을 알려주려면 아이에게 이렇게 조언하면 됩니다.

"한꺼번에 다하려면 망친다. 조금씩 나눠서 노력하는 사람이 천재다."
"사람은 표범이 아니다. 멀리 점프할 생각하지 마라. 한 걸음씩 떼면 결국은 다 이룰 수 있다."

아이에게 삶의 주인 의식을 고취시키려면 세 가지를 알려줘야 합니다. 첫째, 우연이 아니라 행위가 인생을 결정한다. 둘째, 누구나 미래를 만들 수 있고, 셋째, 조금씩 해나가면서 완성하게 된다고 일러주면 됩니다.

실패가 경험이 되려면

"너무 쉬운 건 재미가 없지"

자신이 삶의 주인공이라 믿는 아이가 성공할 수 있습니다. 아울러 실패나 좌절에 굴하지 않고 당연시하는 태도까지 갖춘다면 금상첨화일 것입니다.

공부를 예로 들면 공부가 어려운 게 당연하다고 믿는 아이가 공부를 잘하게 됩니다. 이 대목에서 떠오르는 추억이 있습니다. 저희 아이는 지금은 대학생인데, 학생 시절을 통틀어서 공부 전성기는 초등학교 6학년 때였던 것 같습니다. 시험 성적이 좋아서가 아닙니다. 공부에 대한 자세가 놀랍도록 조숙했기 때문입니다.

어느 날 공부 참견을 하려고 아빠가 말을 걸어서 이런 대화가 오가게 되었습니다.

"다음 주에 시험이지?"

"예. 그래서 열심히 공부하고 있으니까 걱정 마세요."

"공부하느라 힘들지?"

"힘들어요. 무척. 그런데 힘든 게 당연한 거잖아요."

"힘든 게 왜 당연하지?"

"새로운 걸 배우니까 힘들죠. 당연하지 않나요?"

저희 부부는 눈을 휘둥그레 떴습니다. 아이는 공부는 원래 힘들다고 했습니다. 달리 말해서 힘들어도 괜찮다는 뜻이었죠. 힘든 일을 당연시하고 받아들이는 태도는 어른들도 갖기 어려운 것입니다. 놀랄 수밖에 없었습니다.

하지만 앞서 말했듯이 그때가 전성기였습니다. 이후 중고등학교 때는 공부는 원래 힘든 거니까 참을 수 있다는 식으로 말한 적이 단 한 번도 없었습니다. 속마음이 어떤지는 몰라도 해야 할 공부량이 너무 많다고 짜증내고 괴로워하는 모습만 봤을 뿐입니다.

새로운 지식을 배우는 게 공부니까 당연히 어렵다고 생각하는 아이가 행복하게 공부할 수 있습니다. 그 당연함을 인정하지 않으면 결국 공부를 싫어하게 됩니다.

미국의 임상 심리학자 아일린 케네디-무어Eileen Kennedy-Moore는 학업 성취도가 낮은 학생의 특성에 대해서 이렇게 정리합니다.[•]

• 『Kid Confidence』 6장에 나와 있는 주장입니다.

"(학업 성적이 낮은) 아이들은 새로운 일에 도전하면 당연히 불안한 걸 이해하지 못합니다. 새로운 일에 집중하다 보면 그런 불안이 줄어든다는 것도 아이들은 모릅니다."

낯선 공부는 원래 힘들고 불안합니다. 자세하게 누누히 이야기해서 그 사실을 납득하게 하면 아이의 공부 능력은 일취월장하게 됩니다. 이렇게 일러주면 어떨까요.

"공부는 원래 어려운 거야. 운동장을 달리면 숨이 찬 것과 똑같다. 대신 운동을 하면 건강해지듯이, 공부를 하면 너의 뇌가 강력해진단다."

어려운 공부를 하다 보면 자연히 실패도 경험하게 됩니다. 공부를 잘하게 하려면 실패를 오히려 반가워하도록 생각을 바꿔줘야 합니다. '마인드셋'이라는 개념으로 유명한 미국의 심리학자 캐롤 드웩Carol Dweck은 이렇게 말합니다.•

"(성적이 뛰어난 아이들은) 지적 능력 같은 우수성을 자신이 기를 수 있다는 걸 안다…. 그리고 실패 때문에 용기를 잃지 않을뿐더러 실패했다고 생각하지도 않았다. 아이들은 실패를 통해 배울 수 있다

• 『Mindset: The new psychology of success』의 1장에 나오는 문장입니다.

고 믿었다."

장기적으로 보면 실패는 오히려 이로운 것입니다. 실패를 긍정적으로 받아들이는 아이가 공부뿐 아니라 어떤 분야에서건 성과가 높습니다. 그런데 어떻게 해야 실패를 긍정하게 만들 수 있을까요.

실패를 겪어내고 이겨내는 경험을 자주 해보게 해야 합니다. 그러기 위해서는 어려운 것에 자주 도전하는 게 필요합니다. 공부, 블록 만들기, 퍼즐 풀기 등 뭐든지 조금씩 어려운 것을 시도하도록 독려하는 것입니다. 이때 부모가 하는 말이 결정적으로 중요합니다. 캐롤 드웩은 이렇게 말하면 도전을 유도할 수 있다고 했습니다.*

"이건 어렵기 때문에 아주 재미있다."

"이건 너무 쉬워서 재미가 없다. 조금 어려운 것에 도전해 보자. 더 많이 배우게 될 거야."

"오늘 힘든 걸 참고 해낸 일이 무엇인지 말해볼까? 엄마가 먼저 말할게."

"실수는 참 재미있다. 실수를 하고 나면 더 많이 배우게 돼."

실패와 실수를 좋은 것으로 여기도록 유도하는 말들입니다. 어려운 게 더 재미있다고 설득하는 말이기도 하죠. 저런 부모의 말이 쌓

---

* 『Scientific American Mind』 2016년 5월호에 소개된 내용입니다.

이면, 아이는 어려움을 당연시하고 실패를 즐겁게 극복하는 사람이 됩니다. 공부뿐 아니라 삶의 모든 분야에 유능하면서 자기 주도적이 되는 것이죠.

지치지 않는 '열정적 끈기'를 갖게 하려면

자기 주도적 공부에서 '그릿grit'의 개념을 빼놓을 수 없겠습니다. 그릿은 '열정적 끈기'를 뜻합니다. 목표를 향해 끝까지 노력하는 자세가 그릿입니다. 자녀가 그런 자세를 갖게 하려면 어떻게 해야 할까요. 그릿의 주창자인 미국 심리학자 엔젤라 더크워스Angela Duckworth는 부모의 역할을 강조합니다.•

더크워스 교수에 따르면 그릿, 즉 열정적 끈기를 키우는 육아의 조건은 세 가지입니다. 따뜻함, 존중, 엄격함이 그것입니다. 아이를 따뜻하게 대하고 아이의 의견을 존중하면서도 규칙 준수를 엄격히 요구하는 부모가 아이의 열정적 끈기를 기를 수 있다는 것입니다. 조금 더 구체적으로 살펴보겠습니다.

따뜻함이 그릿 육아의 첫 번째 조건입니다. 따뜻한 부모는 자녀와 오래 대화하고 필요할 때는 칭찬을 듬뿍 해줍니다. 또 어려움을 겪는 자녀에게 깊이 공감하면서 위로하고 함께 해결책을 찾습니다. 그

• 『Grit: The Power of Passion and Perseverance』의 10장에 제시된 논리를 간추려 소개합니다.

러면 아이는 어려움을 겪을 때마다 부모를 찾아와 상의하게 될 것입니다. 반대로 대화 시간이 적고 자녀의 어려움에 관심이 없으면 차가운 부모가 됩니다. 당연하게도 차가운 부모 아래에서는 열정적인 아이가 자라기 어려울 것입니다. 냉소적 태도가 차가운 육아의 결과입니다.

그릿 육아의 두 번째 요소는 존중입니다. 자녀의 관점과 주장을 진심으로 인정하는 것이 존중입니다. 프라이버시를 침범하지 않는 것도 존중 육아의 요건입니다. 존중받지 못한 아이는 자신을 존중하지 못합니다. 그런 아이는 무엇보다 자기 주도적으로 공부를 해나갈 수 있는 자신감과 열정이 없습니다. 꿈을 향해 정열적으로 노력하는 모습을 기대하기 어려울 것입니다.

그릿 육아의 세 번째 조건은 엄격함입니다. 엄격한 부모는 자녀에게 규칙을 지키도록 요구합니다. 또 책임질 일이 있으면 책임져야 한다고 조언합니다. 그리고 공부를 포함해서 어떤 일이건 최선을 다하는 게 의무라고 일러줍니다. 반대로 잘못을 했는데도 야단을 치지 않거나 책임을 져야 하는데도 감싸면 아이를 망치게 됩니다. 무책임하고 불성실한 아이로 자라게 되는 것입니다.

그릿을 길러주려면 부모는 따뜻함과 존중과 엄격함을 잊지 말아야 합니다. 차갑게 말하는 부모는 아이에게서 열정적 끈기를 기대해서는 안 됩니다. 무시를 일삼거나 무조건 감싸는 부모도 역시 마찬가지입니다. 따뜻함과 존중과 엄격함의 세 가지 요소가 열정적 끈기를 갖춘 아이로 자라게 한다는 게 심리학자 캐롤 드웩의 주장입니다.

유명한 작가 칼릴 지브란Kahlil Gibran이 남긴 육아 명언이 있습니다.

"부모는 활이고 아이는 화살이다."

모든 아이는 머지않아 부모를 떠나서 저 멀리 알 수 없는 곳으로 날아갑니다. 아이는 나이에 비례해 부모에게서 점점 멀어지다가 결국 자신의 세상으로 옮겨갈 것입니다. 멀리 가더라도 그리고 시간이 많이 흘러도 아이가 부모를 기억해 주면 얼마나 행복할까요. 그런 행복에는 조건이 있습니다. 미국 작가 바바라 존슨Barbara Johnson이 남긴 말입니다.

"내일 아이의 기억 속에 있으려면 오늘 아이의 삶 속에 있어야 한다."

아이가 곁을 내주는 동안 가까운 친구가 되어서 함께 웃고 놀고 추억을 만들라는 뜻입니다. 아울러 용기와 위로도 아이가 잊을 수 없는 선물이 될 것입니다. "네가 삶의 주인공이다"라며 등을 도닥였던 엄마와 "삶이 가끔 힘든 게 당연하다"며 용기를 준 아빠를, 아이는 오랫동안 기억할 것입니다.

"학원에 가라"고 소리치는 대신

"이 힘든 공부를 왜 하는 거야?"

반드시 목표가 있어야 하는 것은 아닙니다. 흘러가는 대로 사는 것도 괜찮습니다. 그런데 혼란이 닥쳤을 때 삶의 목표가 꼭 필요하죠. 눈폭풍 속에서 나침반이 절실하듯이 말입니다.

공부를 이겨내야 하는 아이에게도 목표가 필수이지만, 상당수는 목표 의식이 약합니다. 꿈꾸지 못하고 길을 잃는 아이가 적지 않습니다. 그래도 부모가 도울 수 있어 다행입니다. 목표 지향적인 태도를 갖도록 독려하는 게 가능합니다.

먼저 놀라운 사례를 소개하겠습니다. 저희 부부도 그전에는 주변에서나 한 다리를 건너서도 그런 성공 스토리를 들은 적이 없었습니다. 한 아이가 대입 시험에서 아주 희소한 역전승을 이루었습니다.

1년 만에 수능 성적이 비약적으로 오른 비결

비수도권의 고등학교를 다닌 희수는 2019학년도 입시에서 지역 대학에 합격했지만 등록하지 않고 재수를 결심했습니다. 어릴 때부터 꿈꾸던 대학과 학과가 있었는데 그걸 포기할 수 없어 재도전하기로 선택한 것입니다. 희수는 재수하는 내내 새벽에 집을 나가 밤늦게 귀가했습니다. 재수 학원에서 가장 성실한 수험생으로 꼽혔다고 합니다. 하지만 희수의 두 번째 수능 성적은 크게 오르지 않았습니다. A대학에 겨우 합격할 정도였습니다.

대학에는 참으로 미안하지만 합격 점수대를 기준으로 대학을 1등급에서 5등급으로 분류한다면, A대학은 3등급 전후에 해당합니다. 원하던 대학도 아니었고 학과도 아니었지만 희수는 삼수까지 할 엄두는 나지 않았던 모양입니다. 희수는 대학생으로 성실히 살겠다고 마음을 먹었고 학교에 등록하는 데에 동의했습니다.

그런데 희수가 속했던 2020학번은 코로나 학번입니다. 입학식도 없었고 수업도 비대면 방식이라 대학생으로서 새로운 경험을 하는 게 불가능했습니다. 희수는 자신이 대학생 같지 않습니다. 친구나 선배나 교수님을 만나지 못하고 온라인 수업만 받는 자신은 가상 대학생 같았습니다. 그런 공허한 마음에서 오랜 꿈이 다시 일렁였다고 합니다. 어릴 때부터 원했던 그 대학에 가야겠다는 의지가 뜨거워졌던 것입니다.

결국 희수는 대입 삼수를 결심했습니다. 이번에는 더 열심히 공부했습니다. 모든 잡념을 무시했고 의심을 남김없이 지웠으며 부모님께 미안한 마음까지 다 잊었습니다. 그리고 몇 개월 후 믿기 어려운 성과를 내게 됩니다. 2021학년 서울대 인문계열에 합격한 것입니다. 친척이나 지인 중에 놀라지 않은 사람이 없었습니다. 희수는 대학 등급을 놓고 따지면 3등급에서 1등급으로 놀라운 비약을 이루었는데, 전국에서도 희소한 일인 것으로 압니다.

주변 사람들 누구나 그랬지만 저희 부부도 어떻게 그런 일이 가능했을까 무척 궁금했습니다. 아내가 희수 엄마와 가까운 선후배 사이라서 물어볼 수 있었습니다. 그런 비약적인 발전의 진짜 비결을 알려달라고 부탁했었죠.

북극성을 바라보는 배가 항로를 잃지 않는 것처럼

희수 엄마는 아주 관대하고 따뜻한 엄마였습니다. 큰소리로 야단치는 법이 없었습니다. 아이를 몰아세우지도 않았고 언제나 기다리고 타이르는 스타일이었습니다. 그런데 돌변할 때가 있습니다. 아이가 목표를 잊고 있으면 정색한 얼굴로 희수를 빤히 오래 쳐다봤다고 합니다. 어린 희수의 마음에는 당혹스러움과 두려움이 교차했을 겁니다.

희수 엄마는 이렇게 자주 물었습니다.

"너는 왜 학원에 다니지? 목표가 뭐야?"

"너는 이 힘든 공부를 왜 하는 거야?"

"학원에 가라"고 소리치는 대신에 "왜 학원에 가야 하는지" 이유를 물었습니다. "공부 좀 하라"고 호통치지 않고 "이 힘든 공부를 하는 이유가 뭐냐"고 물었습니다. 공부는 깜깜한 밤에 숲속을 걷는 것과 같다는 게 희수 엄마의 지론입니다. 방향을 잡지 않으면 길을 잃고 조난당할 수 있다는 것입니다. 필요한 것은 등불입니다. 바로 목표가 횃불 역할을 할 수 있습니다.

희수 엄마가 건네준 횃불은 예쁘고 신기했습니다. 공부의 목표를 아주 개성적이고 재미있게 이야기해 줬던 것입니다.

"학원 가는 것은 이를 닦는 것과 같다. 머리를 감는 것과도 비슷하지. 학원에 가면 빛나는 사람이 된다. 너는 학원에 공부하러 가는 게 아냐. 더 예쁘고 멋있는 사람이 되기 위해서 가는 것이다."

"학원에 가는 것은 꽃에 물을 주는 것과 같다. 학원에 한 번 갈 때마다 너는 1mm씩 자란다. 곧 아름다운 꽃을 피우게 될 것이다. 머지않아서 아주 큰 나무가 될 수 있다."

"힘들어도 참고 열심히 공부하면 1등을 할 수 있다. 그런데 1등이 아니라, 성적이 많이 오르기만 해도 행복해진다. 너는 1등을 위해

공부는 깜깜한 밤에
숲속을 걷는 것과 같습니다.
방향을 잡지 않으면 길을 잃고
조난당할 수 있다는 것입니다.

공부하는 게 아니야. 기분이 좋아지기 위해서 지금 힘들어도 참고 공부를 하는 거야."

위와 같이 말해주면 희수는 자기 나름으로 해석하고 의미도 덧붙여 목표를 세웠다고 합니다.

희수 엄마는 아이가 '1.1.10 목표'도 기억하게 만들었습니다. 희수는 어릴 때부터 엄마에게서 이런 물음을 자주 들었습니다.

"1개월 후의 목표는 뭐니? 1년 후 목표는? 10년 후에는 어떤 사람이고 싶어?"

희수가 그 질문에 시원스럽게 답하면 엄마는 칭찬하고 인정했으며 나아가서 자율권을 줬다고 합니다. 목표 의식만 뚜렷하면 아이가 깜깜한 곳에서도 길을 잃지 않을 거라고 믿었던 희수 엄마는, 다정하고 친절하게 목표의 중요성을 설명하면서 아이를 자기 주도적으로 키워왔습니다.

그 이야기를 들으니 오래전의 기억이 떠올랐습니다. 희수 가족 등 네 가족이 펜션을 빌려서 휴가를 함께 보낸 적이 있습니다. 펜션에 도착하자마자 어른이고 아이고 할 것 없이 풀장으로 뛰어들어 물놀이를 하며 즐겼습니다. 희수도 즐겁게 놀았지만 희수의 합류는 1시간 이상 늦었습니다. 당시 초등학교 6학년이었던 희수는 다음 달 시험을 위해서 해야 할 공부를 다 끝내고서야 풀장으로 뛰어왔습니다. 아이로서는 쉽지 않은 일이죠. 아마 목표 의식이 선명했으니까 그런 아이답지 않은 행동이 가능했을 겁니다. 꿈을 향하는 계단을 하나 오른 후에, 웃으며 신나게 뛰어놀던 희수의 얼굴이 떠오릅니다.

희수가 삼수를 하는 동안에도 어려움이 많았다고 합니다. 세 번째 실패를 할 것 같은 두려움과 불안에 자주 시달렸던 것인데, 그때마다 희수 엄마는 모든 걸 잊고 목표만 생각하라고 조언했습니다. 피니시 라인을 통과한 자신의 모습을 상상하면서 희수는 견뎌냈고 또 꿈을 이루었습니다.

희수의 삼수가 큰 성과를 낸 데는 여러 요인이 있겠지만, 저희가 봐도 강한 목표 의식이 큰 힘이 되었던 게 분명합니다.

강한 목표 의식이 힘겨운 오늘을 거뜬히 견디게 합니다. 덕분에 혼란도 금방 정리할 수 있습니다. 북극성을 향하는 배가 항로를 잃지 않는 것처럼, 꿈을 꾸는 아이는 흔들리다가도 금방 원래 궤도로 돌아오는 것입니다. 감사하게도 부모도 힘을 보탤 수 있습니다. 꿈을 향해 주도적으로 나아가는 아이의 목표 의식은 부모의 말에서 싹트기 시작하니까요.

강한 목표 의식을 갖게 하려면

"어제의 너와는 확실히 달려졌어"

앞에서 한 엄마의 특별한 사례를 보았습니다. 목적 지향적인 태도를 성공적으로 가르친 그 엄마의 육아 실력에 감탄하게 되고, 배우고 싶어집니다.

목표 의식은 무척 중요합니다. 알다시피 목표 의식이 약한 아이는 스스로 쉽게 포기합니다. 독서를 결심하고도 책 한 권을 다 읽지 못합니다. 결연히 공부를 시작했다가도 열정이 며칠 만에 식어버려서 결국 이루는 게 없습니다.

목표 의식이 약하면 그렇게 성과가 적습니다. 그런데 저성과보다 더 큰 문제는 '의미 결핍'입니다. 목표가 없다면 오늘 왜 고생하고 노력하는지 의미를 알기 어렵습니다. 좋은 삶은 미래의 목표를 세울 때 가능한 것입니다.

어떻게 해야 아이에게 목표 의식을 심어줄 수 있을까요? 구체적인 방법 네 가지를 소개합니다.

목표 달성 과정을 나누고 시각화하기

어릴 때 목표를 세우고 성취하는 경험을 많이 한 아이가 중고등학생이 되어서 뚜렷한 목표 의식을 갖게 됩니다. 그런데 어릴 때는 쉽지 않습니다. 목표라는 게 너무 멀고 막연하기 때문입니다. 그래서 부모의 개입이 꼭 필요합니다.

첫 번째로 목표를 작은 단계로 나누고, 두 번째로 성취도를 시각화하는 부모가 어린 자녀의 목표 의식을 고취하게 됩니다.

예를 들어보겠습니다. 미국 심리학자 페그 도슨Peg Dawson이 소개한 사례입니다.•

6살짜리 남자아이는 쉽게 포기하는 습성이 있습니다. 공부나 책 읽기 등 성가신 일만 그런 게 아닙니다. 마음대로 되지 않으면 좋아하는 컴퓨터 게임이나 야구 놀이도 금방 그만둡니다.

이런 아이를 계속 방치하면 어떻게 될까요? 포기에 익숙한 아이로 자라게 될 것입니다. 커서도 목표를 세우는 걸 두려워할 수 있는 것입니다. 부모의 도움이 절실히 필요합니다.

• 『Smart but Scattered』 20장에 관련 내용이 나와 있습니다.

가령 야구 놀이를 하다가 아이가 쉽게 그만두는 것은 목표 달성이 어려워 보이기 때문입니다. 프로 야구 선수들처럼 멋있게 홈런을 치고 싶은데 그게 안 되니 지레 포기하는 것입니다.

심리학자 페그 도슨은 부모가 목표를 단계화하는 게 좋다고 강조합니다. 홈런이 아니라 우선 배트로 공을 맞히는 것을 목표로 삼는 것입니다. 또는 몇 주 동안 단타 연습을 시켜도 좋습니다.

그렇게 작은 단계를 거치다 보면 큰 목표를 이룰 수 있습니다. 계단을 한 칸 한 칸 오르게 하는 것이죠. 부모의 역할은 목표를 작게 나눠주는 것입니다. 머지않아 아이는 목표 달성의 즐거움을 경험하게 될 것이다.

목표 달성 과정을 시각화하는 것도 중요합니다. 역시 페그 도슨의 예입니다. 용돈 저축을 어려워하는 아이가 있습니다. 게임기를 사려면 용돈을 모아야 하는데 도중에 포기하는 것입니다. 이럴 때는 목표가 얼마나 달성되었는지 시각화하는 것이 효과적입니다. 5만 원이 최종 목표라면 지금까지 얼마나 모았고, 앞으로는 얼마를 저축해야 하는지 간단한 도표를 그려서 매일 보여주는 것입니다. 자신이 목표에 얼마나 가까운지 눈으로 본 아이는 목표 의식이 뚜렷해지게 됩니다.

목표를 작은 단계로 분할하고 시각화하면 목표 의식뿐 아니라 지구력과 자신감이 키워집니다. 독서와 공부를 할 때도 목표 분할과 시각화가 효과적입니다. 새로운 운동을 배울 때도 역시 마찬가지일 것입니다.

매일 발전한다는 믿음

매일 발전하고 있으며 목표에 가까워지고 있다고 말해주는 것도 필요합니다. 즉 목표 달성 정도를 청각적으로 알려주는 것입니다.

'비포 애프터 비교 화법'을 많은 교육 전문가들이 추천합니다. 가령 교사라면 아이가 수업 전보다 수업 후에 부쩍 성장했다고 말해줍니다. 가령 수업 전에는 "오늘은 ~을 배울 것이다"라고 말한 후 수업 후에는 "오늘은 ~을 배웠다"고 말해주는 것이죠. 아이는 자신이 매일 발전하고 있다는 느낌을 갖게 될 것입니다.

부모도 같은 방식으로 도울 수 있습니다. 가령 독서에 대해서는 이렇게 말하면 됩니다.

"그 책을 읽은 후에 너는 달라졌어. 지구에 대한 지식을 갖게 된 거야. 지구 나이가 45억 년이나 된다는 걸 알았으니 너는 훨씬 똑똑해진 거야."

아이는 책에서 아주 중요한 지식을 배우면서 성장한다는 느낌을 갖게 됩니다. 영어 공부를 시키면서도 똑같은 패턴으로 말할 수 있습니다.

"일주일 전에 너는 이 책의 영어 단어를 거의 몰랐어. 그런데 지금은 30개나 외우게 되었어. 너는 굉장히 발전을 한 거야. 대단해."

힘들게 공부한 게 보람으로 느껴질 것입니다. 일신우일신日新又日新, 즉 나날이 새롭고 발전한다는 느낌만큼 기분 좋은 것이 없습니다.

그러니까 부모 말의 구조가 목표 지향적이어야 합니다. 달리 표현해서 말속에 목표 지점이 함축되어야 하는 것입니다. "오늘 잘했어"로는 부족합니다. "오늘 잘했다. 그래서 더 발전했고 목표에 다가가고 있다"는 느낌을 주어야 하는 것이죠. 그런 목표 지향적인 말을 자주 듣는 아이는 목표 의식을 갖게 될 것입니다.

영화 감상를 통해서도 아이들의 목표 의식을 고취시킬 수 있습니다. 예를 들면 아이언맨은 지구를 수호하는 목표를 향해 멈추지 않았습니다. 수많은 역경을 이겨냅니다. 아이언맨은 성실하게 목표를 향하기 때문에 훌륭하다고 아이에게 말해주면, 영화는 오락 영화가 아니라 교육 영화로 변하게 됩니다. 스파이더맨도 원더우먼도 모두 목표 의식이 뚜렷한 캐릭터입니다.

독서 토론을 해도 목표 의식 고취가 가능합니다. 가령 『오즈의 마법사』에서 도로시는 집에 돌아가기 위해 갖은 어려움을 헤쳐 나갑니다. 『피노키오』에서는 제페토 할아버지가 피노키오를 구하려고 무척 고생을 하죠. 모두 목표를 위해서 노력하고 애쓰는 사람들입니다.

영화나 어린이용 동화는 대부분 목표를 향하는 사람의 이야기입니다. 그 사실을 설명하는 것만으로도 자녀의 목표 의식 고양이 가능합니다.

직업에 대한 긍정 인식과 목표를 연결하는 법

의대생이 된 한 아이의 엄마가 실제로 행한 놀라운 교육법을 소개하겠습니다. 아이가 어릴 때부터 특정 직업을 선망하도록 만들면 목표 의식은 걱정할 필요가 없게 됩니다. 아이의 의대 진학을 원했던 한 엄마는 의사를 긍정적으로 생각하도록 아이에게 가르쳤다고 합니다. 예를 들어서 이렇게 일러줬습니다.

"이분은 피부에 생긴 병을 치료해주시는 좋은 분이야. 치료를 받고 나면 간지러움이 금방 사라진다. 마술처럼 말이야. 신기하지 않니?"
"그 선생님은 우리 가족들이 건강에 문제가 없는지 매번 꼼꼼히 살펴주신다. 그래서 우리 가족이 행복하게 살도록 도와주시는 거야."
"모든 사람은 병이 들고 아프지만, 의사가 있어서 질병을 고칠 수 있어. 의사는 없어서는 안 되는 중요한 직업이야."

그 엄마는 아이를 압박하지 않았습니다. "너는 꼭 의대에 가야 한다"고 앵무새처럼 지겹게 반복하지도 않은 것이죠. 대신 의사가 얼마나 중요하고 보람 있는 직업인지 알려줬습니다. 또 사람들에게 큰 행복을 준다고 설명했습니다. 아이는 의료 행위가 마법처럼 신비롭게 느껴졌을 것입니다. 그 아이가 의대 진학을 원하는 건 자연스러운 결과입니다.

보통 부모들은 직업을 추천하면서 세속적 가치를 내세웁니다. 가령 의사만 되면 평생 편하다거나 사회적 존경을 받는다거나 돈을 많이 벌 수 있다는 감언이설로 환심을 사려 하죠. 그런데 그런 속된 이야기로 아이들을 감화시키기는 어렵습니다.

그것보다 의사가 의미 있는 직업이라고 말하는 게 훨씬 낫습니다. 아이가 "내가 왜 의사가 되어야 하나요?"라고 물으면 의사라는 직업의 고귀함, 매력, 신비로움을 설명하면 됩니다. 또 아이가 과학자의 꿈을 꾸게 하려면, 화성에 탐사선을 보내고 우주의 비밀을 밝히는 과학자가 얼마나 멋있고 놀라운 직업인지 구체적으로 말해주는 게 방법입니다. 그리고 판사가 이 사회의 가치를 어떻게 지켜주며 때로는 어떤 감동을 주는지 사례를 찾아서 말해주면, 아이가 판사를 목표로 삼으리라고 기대할 수 있습니다.

모두 알다시피 아이는 어른과 달리, 때 묻지 않고 순수합니다. 돈, 지위, 편의, 명예를 내세울 게 아니라 직업의 의미나 훌륭함을 알려주면, 아이가 의사, 과학자, 예술가 등 무엇이든 기쁘게 목표로 삼게 될 것입니다. 아이의 꿈은 그 꿈을 아름답게 묘사하는 부모의 노력에 좌우됩니다.

오늘 할 일을 명확히 하려면

"우선순위를 결정해 봐"

경쟁이 치열한 자사고를 다닌 선우는 미소가 많고 여유도 넘치는 아이로 유명했습니다. 친구들의 얼굴이 대부분 어두웠고 행동이 다급했던 것에 비하면 무척 특별했습니다. 비결이 뭘까요. 새벽부터 밤까지 보이지 않게 성적 경쟁을 해야 하는 상황인데도 선우가 유달리 밝았던 것에는 계획 세우는 습관이 일조했다고 선우 엄마는 평가합니다.

선우는 '계획 세우기의 달인'으로 불러도 좋을 아이였습니다. 일주일과 한 달 동안 해야 할 일의 계획을 세워서 노트에 꼼꼼히 적었고 특별히 중요한 것은 머릿속에 저장했습니다. 선우가 무엇보다 중시했던 것은 우선순위입니다.

"오늘 가장 중요한 일이 뭐지?"

선우는 아침에 일어나면 가장 먼저 스스로에게 질문했습니다.

"오늘 가장 중요한 일이 뭐지?"

친구들이 보기에는 선우가 잠시 넋 놓고 허공을 쳐다보는 것 같았지만, 선우는 오늘의 우선순위를 결정하는 중이었습니다.

선우는 하루에 3개 정도의 최우선 과제를 정해서 기억했습니다. 쉽거나 재미있는 것은 가능하면 후순위로 미뤘다고 합니다. 대신 중요하고도 어려운 문제를 맨 위에 뒀습니다. 골치 아픈 것들을 먼저 처리하고 나면 마음이 개운해졌다고 하네요. 선우는 유명 사립대의 공학도가 되었습니다.

계획을 세우고 우선순위를 만들면 할 일이 명확해집니다. '이 일만 하면 되겠다' 싶으니까 스트레스가 적고 마음도 여유도 생길 수 있을 겁니다. 선우가 그런 경우였습니다.

반대로 계획도 없고 우선순위도 없는 아이는 불안할 뿐 아니라 성적에서도 불리합니다. 계획이 없으면 높은 지능도 소용이 없지요. 아무리 노력해도 효과가 낮을 수밖에 없습니다. 자녀가 "공부를 아무리 해도 성적이 오르지 않는다"고 하소연을 한다면 계획 능력을 점검할 필요가 있습니다.

계획을 세우지 못하면 무력감이 오기 쉽다

여기서 개념을 정리해 보겠습니다. 계획은 목표를 이루기 위해 필요한 절차를 정하고, 시간 등 자원을 배분하는 작업을 뜻합니다. 쉽게 말해서 무엇을, 언제, 얼마동안 할지 정하는 게 계획 수립입니다.

계획을 세우지 못하는 아이는 성적이 높건 낮건 공통적으로 무력감을 느끼게 됩니다. 자기가 무엇을 할지 모른 채 생활하면 당연히 삶의 주인이 될 수 없습니다. 고삐 잡은 농부에게 끌려다니는 소와 비슷한 처지입니다.

초등학교 입학 전부터 생활 계획 능력을 키워주면 좋습니다. 하지만 생활 계획표 하나만 덩그러니 벽에 붙이는 것으로는 한참 부족합니다. 좀 더 세부적인 계획을 세우는 연습이 필요합니다. 해외의 교육 전문가들이 그 방법을 알려줍니다.

공부 계획을 예로 들어보겠습니다. 공부할 내용과 예상 소요 시간 등을 기록하는 방법이 있습니다. 다음의 표는 미국의 심리학자 페그 도슨Peg Dawson이 제안하는 공부 계획표를 수정, 보완한 것입니다.*

공부를 시작할 시각과 끝낼 시각을 예상해서 적는 것은 기본입니다. 거기에 공부를 다 한 후에 실제로 공부한 시간도 기록합니다. 이렇게 예상과 실제를 비교하면 아이의 시간 활용 능력이 높아집니다.

---

* 미국 '학습 및 주의력 장애 연구 센터(Center for Learning and Attention Disorders)'에 근무하는 페그 도슨 박사가 제안한 공부 계획표는 「Handbook of Executive Functioning」의 24장에 나와 있습니다.

<공부 계획표>

날짜	공부할 내용	시작할 시간	끝낼 시간	스마트폰 끄기	실제 공부한 시간
3/6	영단어 20개 외우기	오후 4시	오후 5시	○	오후 4시 ~ 5시 30분
3/7	소수의 나눗셈 문제 풀이	오후 3시	오후 4시 30분	○	오후 3시 ~ 4시 10분
3/8	병자호란에 대해 책 읽기	오후 5시	오후 6시	×	오후 5시 20분 ~ 6시
3/9					

아이의 특성에 따라 공부 계획표의 내용이 바뀔 수 있습니다. 스마트폰을 많이 사용한다면 스마트폰 관련 항목을 추가하고, 자세가 나쁘면 자세 관련 항목을 더하면 됩니다. 또 집중력 체크 항목도 추가해도 좋겠습니다.

공부 계획과는 별개로 우선순위를 결정하는 것도 아주 중요합니다. 사실은 우선순위 결정이 공부 계획의 핵심이라고 할 수 있습니다. 가장 많은 시간과 노력을 쏟을 일을 미리 결정해야, 시간을 효율적으로 보낼 수 있습니다. 일주일 동안 할 일이 10가지라면 가장 중요한 일 3가지 내외를 꼽게 합니다. 물론 딱 하나만 선택해서 집중하는 것도 좋습니다.

<이번 주의 우선순위>

순위	할 일	자세한 내용	계획 날짜와 시간	만족도 평가
1순위	수학 시험 준비	문제집 30쪽 풀기	1~6일, 매일 2시간	85점
2순위	친구들과 파자마 파티(친구 집에서)	걱정을 다 잊고 실컷 놀기	4일, 8시간	100점
3순위	독서	국내 동화 신작 읽기	5~6일, 매일 2시간	70점
4순위				
5순위				

공부만 우선할 이유는 없습니다. 친구들과 놀 계획이나 가족 여행도 최우선이 될 수 있습니다.

'만족도'는 사후에 기입하는 점수입니다. 얼마나 열심히 공부했거나 신나게 놀았는지 스스로 평가하게 하는 것입니다. 평가는 개선으로 이어질 것입니다.

위와 같은 우선순위를 정하면 아이는 생활에서 집중력을 갖게 됩니다. 중요하지 않은 일에는 신경을 덜 쓰고, 중요한 일에 몰입하면 효율은 더 높아지는 게 당연합니다. 아이에게 자주 묻는 것이 좋겠습니다. 이렇게 말입니다.

"오늘 가장 중요한 일이 뭐야?"

어른이든 아이든 계획을 세워놓으면 마음이 편해집니다. 무엇보다 불안감과 조급함이 사라지기 때문입니다. 계획 세우기를 배운 아이는 평생의 행복 자산을 얻게 되는 것입니다.

그리고 우선순위 결정 능력을 갖게 되면 아이는 인생을 헛되이 쓰지 않게 됩니다. 가장 중요한 것을 골라서 몰입하는 게 우선순위 결정입니다. 그런 연습을 반복한 아이는 머지않아 자기 성찰을 하게 될 것입니다. 이렇게 스스로 물을 수 있다면, 그 아이는 이미 훌륭한 사람입니다.

"내가 지금 중요하지도 않은 일에 몰두하는 건 아닐까?"

자기 주도성을 기르는

부모 말투

"그건 틀렸고 저건 옳아. 그런데 이것은 옳은 걸까, 틀린 걸까?"

"이건 위험하고, 그건 위험하지 않아. 위험하지 않은 일은 해도 돼."

"너의 성적이 오른 것은 운이 좋아서가 아니야. 네가 열심히 공부한 덕분이지. 너는 참 훌륭해."

"사람은 꿈을 꾸면 뭐든지 될 수 있어. 반대로 꿈을 꾸지 않으면 아무것도 될 수 없다."

"이건 너무 쉬워서 재미가 없다. 조금 어려운 것에 도전해 보자. 더 많이 배우게 될 거야."

"사람은 표범이 아니다. 멀리 점프할 생각하지 마라. 한 걸음씩 떼면 결국은 다 이룰 수 있어."

"너는 왜 학원에 다니지? 목표가 뭐야?"

"1개월 후의 목표는 뭐니? 1년 후 목표는? 10년 후에는 어떤 사람이고 싶어?"

"오늘 정말 잘했어. 어제보다 더 발전했고, 목표에 가까워지고 있어!"

6

자기 긍정

감사와 사랑이 높은 성적의 바탕이다

부모가 아이에게 부정적 말을 많이 하는 데에는 사정이 있습니다. 부정적인 말이 통제 효과가 높기 때문입니다. 하지만 자기 편하자고 아이를 겁쟁이로 만드는 건 결코 좋은 일이 아닙니다. 긍정적인 평가를 많이 들은 아이는 자신을 좋은 사람으로 생각할 것이고, 그렇다면 자신에게는 좋은 일이 어울린다고 믿게 될 것입니다. 불운이 아니라 행운이 어울린다고 믿게 된 아이가 스포츠카처럼 신나게 달릴 수 있습니다. 공부 도전도 두려워하지 않을 것입니다. 부모가 긍정적 사고의 틀을 만들어주면 아이가 큰 성취를 하며 살게 될 것입니다.

긍정적 자동 생각을 심어주려면

"행복이 너를 기다리고 있어"

"부모는 자신이 샘터에 독을 넣고도, 시냇물이 왜 쓴맛인지 의아해 한다."

영국 철학자 존 로크 John Locke의 말입니다. 부모의 영향력은 아이의 원천에까지 미칩니다. 자녀의 삶이 발원하는 샘터를 오염시킬지도 모른다는 우려가 부모를 슬프게 만들지만, 그런 자각이 유익하기도 합니다. 더 많이 돌아보고 더 조심하게 될 테니까요.

사실 아이의 샘터에 독만 풀어 넣는 것도 아닙니다. 모유도 주고 사랑도 줬으니까 아이가 자랄 수 있는 것입니다. 아무튼 부모의 좋고 나쁜 영향력이 아이의 원천을 조성한다는 것은 사실입니다.

부모가 아이의 사고 패턴을 바꿀 수 있다

아이의 사고 패턴의 틀을 만드는 것도 부모입니다. 어릴 때 긍정적이고 밝게 생각하도록 틀이 잡힌 아이가 평생 행복할 것입니다. 그 일을 부모가 해낼 수 있습니다.

이야기할 주제는 '자동적 사고'입니다. 알다시피 사람의 뇌는 이상합니다. 생각 안 하려고 해도 자기 멋대로 생각을 만들어 냅니다. 이렇게 자동으로 떠오르는 생각을 심리학 용어로 '자동적 사고Automatic Thoughts'라고 하는데, 여기서는 좀 더 편하게 '자동적 생각'이라고 표현하겠습니다.

우리 뇌 속에 폭죽처럼 터지는 자동적 생각은 크게 두 가지입니다. 긍정적인 자동 생각과 부정적인 자동 생각이 있습니다. 긍정적인 자동 생각은 말 그대로 밝은 생각입니다. 미국 심리학자 릭 인그램Rick Ingram이 꼽은 긍정적인 자동 생각 중 일부를 소개해 보겠습니다.

<긍정적인 자동 생각>

사람들은 나를 좋아한다.	내 미래는 밝다.
나는 좋은 걸 가질 자격이 있다.	나는 성공할 것이다.
나는 사람들의 기분을 좋게 한다.	나를 응원하는 친구가 많다.
내가 이룬 것이 자랑스럽다.	인생은 신나는 것이다.
나는 장점이 많다.	나는 운이 좋다.

나는 문제를 잘 해결할 수 있다.	나쁜 날은 가끔만 온다.

읽기만 해도 기분이 좋아지는 문장들입니다. 저런 생각들이 온종일 저절로 떠오른다고 상상해 보세요. 긍정적인 자동 생각이 많은 사람은 멘탈이 강해집니다. 가령 처음 보는 사람 앞에서도 '사람들은 나를 좋아한다'고 생각하면 긴장하지 않게 됩니다. 또 '나는 문제 해결 능력이 있다'고 믿는 사람은 스트레스 상황에서도 거뜬합니다. 또 '나는 운이 좋다'고 생각하면 새로운 도전을 하면서도 겁이 나지 않습니다. 긍정적 자동 생각은 그렇게 흔들리지 않고 행복한 마음을 만들어냅니다.

그런데 사람을 괴롭히는 부정적인 자동 생각도 많습니다. 1980년대에 미국 심리학자 필립 켄달Philip Kendall이 제시한 예가 유명합니다.

<부정적인 자동 생각>

나는 쓸모 없다.	나는 너무 약하다.
나는 나 자신을 싫어한다.	나는 사람들을 실망시킨다.
나는 가치가 없다.	나는 실패자다.
나는 성공한 적이 없다.	나는 노력해도 실패하게 되어 있다.
나는 좋은 것을 가질 자격이 없다.	내 인생은 분명히 망할 것이다.
나는 더 좋은 사람이 될 수 없다.	나에게는 문제가 많다.

내가 다른 곳에 있으면 좋겠다.	아무도 나를 이해 못 한다.
사는 건 너무나 힘들다.	나의 미래는 어둡다.

뇌 속에 부정적인 자동 생각이 가득한 사람은 허약해집니다. 하찮은 시련 앞에서도 '나는 실패하게 되어 있다'는 생각이 떠올라서 주저앉게 되는 것이죠. 또 '나는 성공한 적이 없다'고 확신하기 때문에 도전을 두려워하게 됩니다. 부정적 자동 생각이 사람을 불행하고 약하게 만듭니다.

그런 부정적인 생각은 자동으로 떠오르기 때문에 본인이 의식하지도 못합니다. 투명 인간과 같습니다. 살금살금 머리로 숨어들어서 나를 괴롭히는 것이 바로 부정적인 자동 생각입니다. 마치 스텔스 폭격기처럼 소리 없이 나타나 평정을 파괴합니다.

가만히 앉아 있는데 이유도 없이 불행하고 슬프고 불쾌하다면 이 자동 생각을 분석할 필요가 있습니다. 멋대로 좌절하고 자신을 부정하며 인생을 비관하는 뇌의 우울증 때문일 가능성이 높기 때문입니다.

부정적인 자동 생각의 문제는 한 번에 끝나지 않고 악순환된다는 점입니다. 계속 돌고 돌면서 상황의 악화를 가속화시킵니다. 다음의 이미지가 그 악순환의 과정을 보여줍니다.*

* 영국 심리학자 폴 스탤러드(Paul Stallard)의 『Think Good Feel Good』 55쪽에 나온 이미지를 수정한 것입니다.

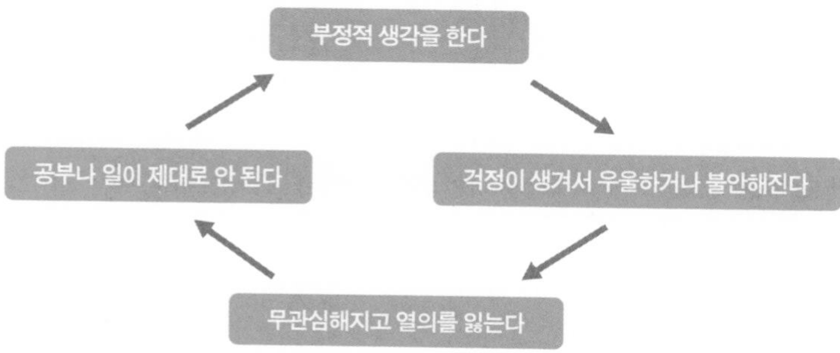

부정적 생각을 하면 불안해집니다. 자연히 열정을 잃게 되고 공부와 일에 실패할 가능성이 커집니다. 그렇게 실패를 겪으면 부정적인 자동 생각은 더 강해집니다. 돌고 돌면서 상황은 계속 악화일로를 가게 될 것입니다.

긍정적 자동 생각이 많다면 반대입니다. 긍정적으로 생각하면 힘이 나고 열의가 높아져 공부도 잘 됩니다. 그런 성공의 경험은 다시 긍정적 생각을 강화하게 됩니다.

의식의 밑바닥에 깔려 있는 자동 생각의 종류에 따라 우리의 삶은 좌지우지됩니다. 부정적 자동 생각은 고통을 키울 것이고, 긍정적 자동 생각은 기쁨을 낳게 될 것입니다.

긍정적 사고의 씨앗을 심는 법

그러면 우리 아이의 자동 생각은 어떤 종류일까요. 아이의 행동을 관찰하면 충분히 추리할 수 있습니다. 이유 없이 좌절하는 아이는 부정적 생각에 갇혀 있습니다. 아무 일도 아닌데 두려워하는 아이도 마찬가지입니다.

아이의 말도 부정적 자동 생각의 증거가 됩니다. "이번에도 실패하게 될 거예요"라고 말하고, "아무리 노력해도 실력이 늘지 않을 거예요"라고 단언하는 아이의 머릿속에 부정적인 자동 생각이 폭죽처럼 터지고 있을 가능성이 높습니다. 또 "그렇게 좋은 게 나한테 어울려요?"라고 묻는 아이도 역시 같습니다. "나의 미래는 어둡다"고 확신하며 "엄마 아빠를 또 실망시켰다"고 자책하는 아이도 비슷합니다.

아이의 부정적 자동 생각은 어떻게 만들어졌을까요? 모든 전문가들이 똑같이 답합니다. 유전과 성장 환경도 영향을 끼친다는 겁니다. 유전이야 부모가 어쩔 수 없지만, 환경은 바꿀 수 있습니다. 사고의 틀이 형성되는 유아기와 아동기에 좋은 영향을 미치면 되는 것입니다.

아이가 긍정적인 자동 생각을 갖게 하려면 부모가 긍정적인 이야기를 매일같이 해주면 됩니다. 예를 들어서 '하지만 화법'이 효과적입니다. 특히 과거의 나쁜 경험에 대해서 말할 때 '하지만'이 필수입니다.

"지난번에는 실수를 했어. 하지만 조심하면 더 잘할 수 있어."

"어제는 넘어져서 아팠지. 하지만 오늘은 무릎 보호대를 했으니 괜찮아."

모두 나쁜 기억에 파묻히지 않도록 이끌어주는 말입니다. 이런 '하지만' 문장들을 반복해서 들은 아이는 긍정적인 자동 생각을 갖게 될 것이고, 불안에 대한 강한 내성을 갖게 될 것입니다.

두 번째로 부모는 아이가 긍정적인 자기 이미지를 갖도록 도와야 합니다. 아이에게 엄마는 거울입니다. 엄마의 평가가 진실이라고 믿어 의심치 않습니다. 높이 평가해 주는 엄마가 아이의 머릿속에 긍정적 사고의 씨앗을 심어줍니다.

"너는 좋은 것을 가질 자격이 있다."

"너는 장점이 참 많다."

"너는 사람들을 기쁘게 만든다."

"너는 자랑스러운 일을 많이 했다."

세 번째로 겁주는 화법을 피해야 합니다. 우리 사회의 부모는 겁주는 말을 너무 많이 합니다. 예를 들어보겠습니다. 어떤 아이가 추운 날씨에 놀다가 감기에 걸린 적이 있는데 얼마 후 다시 추위가 찾아왔습니다. 밖에 나가고 싶다는 아이에게 엄마는 뭐라고 말해야 좋을까요?

(1) "지난번에 감기 걸렸지? 밖에 나가면 절대 안 돼."

(2) "지난번에 감기 걸렸지? 따뜻하게 입고 나가자."

답은 쉽습니다. (2)라고 하는 게 낫습니다. 그래야 적극적인 아이가 됩니다. (1)은 겁을 주고 움츠리게 만들어서 문제입니다.

(1)처럼 부정적인 말을 많이 들으면 아이의 사고도 부정적이게 됩니다. 이를테면 '추우면 나는 감기에 걸려서 고통받는다'라는 생각이 공고화되는 것입니다. 이런 생각은 의식의 밑바닥에 저장되었다가 때때로 튀어 오릅니다. 가령 '추위'라는 단어를 들으면 반사적으로 '감기'와 '고통'을 떠올리게 되는 것이죠. 생각이 부정적인 아이는 여름을 생각하면 바닷가 대신에 끈적끈적한 더위를 연상하고, 봄가을이면 예쁜 꽃보다는 알레르기를 떠올리면서 진저리를 칠 것입니다. 즐거움보다 괴로움을 먼저 떠올리는 삶은 불행합니다. 많은 경우 엄마와 아빠가 이런 결과에 크게 영향을 끼칩니다.

많은 육아 전문가들이 이야기하듯이, 부모가 말을 바꾸면 긍정적 사고 패턴을 아이에게 선물할 수 있습니다. 예를 들어볼게요.

"엄마 말을 듣지 않으면 나쁜 아이다." → "엄마 말을 따라주니까 엄마는 행복하다."

"책을 읽지 않으면 공부를 못한다." → "책을 읽으면 상상력이 풍부해진다."

"편식을 하면 건강이 나빠진다." → "골고루 먹어야 건강해진다."

왼쪽은 다 겁을 주는 말이고, 오른쪽은 희망적이고 긍정적인 말입니다. 부모가 긍정적인 말을 하는 사이에 아이도 긍정적이고 용감한 마음을 갖게 될 것입니다. 누구나 잘 알고 있죠.

그럼에도 부모가 아이에게 부정적 말을 많이 하는 데에는 사정이 있습니다. 부정적인 말이 통제 효과가 높기 때문입니다. "나쁜 아이다"라거나 "건강을 해친다"라고 겁을 주면 아이가 무서워서 지시를 따르게 되는 거죠. 부모는 그게 편리해서 부정적인 말을 하게 되고, 그 결과 아이의 사고는 어두워집니다. 저희 부부도 그랬습니다. 자기 편하자고 아이를 겁쟁이로 만드는 건 결코 좋은 일이 아닙니다.

긍정적인 평가를 많이 들은 아이는 자신을 좋은 사람으로 생각할 것이고, 그렇다면 자신에게는 좋은 일이 어울린다고 믿게 될 것입니다. 불운이 아니라 행운이 어울린다고 믿게 된 아이가 스포츠카처럼 신나게 달릴 수 있습니다. 공부 도전도 두려워하지 않을 것입니다. 부모가 긍정적 사고의 틀을 만들어주면 아이가 큰 성취를 하며 살게 될 것입니다.

자신감을 높이 고취하려면

"너는 장점이 16가지나 된단다"

"우리 아이는 자신감이 없어 큰일이에요"라고 많은 부모가 걱정합니다. 그런데 아이가 자신감이 부족하다면 부모의 책임도 따져봐야 합니다. 앞서 설명했듯이 과보호하는 부모가 아이의 자신감을 떨어뜨립니다. 그리고 또 다른 원인도 있습니다. 부모의 '방법 무지'가 문제입니다.

보통 부모는 "자신감을 가져라"고 아이에게 강조하고 요구하지만 어떻게 해야 자신감이 생기는지는 본인도 방법을 모르는 경우가 허다합니다. 저희 부부도 잘 몰랐습니다. 아이가 자신감 넘치는 모습으로 생활하면 좋겠다고 막연히 바랐지만, 구체적인 자신감 고취 방법을 알지 못했습니다. 아이를 다 키우고 난 후에야 책을 뒤져서 알게 되었습니다.

자신감은 자기 능력에 대한 믿음입니다. 자신감이 없다는 것은 자기 능력을 불신한다는 뜻이 됩니다. 결론은 단순해집니다. 자신감을 갖게 하려면 능력이 충분하다는 걸 확신시키면 되는 것입니다. 구체적으로는 아래의 7가지 방법을 쓰면 효과를 볼 수 있습니다.

아이 자신감을 높이는 7가지 방법

첫째, 노력으로 성취할 수 있는 목표가 자신감을 키워줍니다. 너무 쉽지도 않고, 까마득히 높지도 않은 목표를 아이에게 제시하는 게 맞습니다. 아이는 애를 쓰면 뛰어넘을 수 있는 높이의 장애물 앞에서 자신감을 키우게 됩니다.

둘째, 아이가 통제 가능한 목표라면 금상첨화입니다. 가령 등수는 아이가 통제하기 힘듭니다. 점수도 시험의 난이도에 따라 결정되는 것입니다. 반면 과정은 아이가 통제할 수 있습니다. 오늘 하루의 공부 태도는 아이의 통제권 내에 있습니다. 부모는 아래처럼 독려하는 것이 좋겠습니다.

"너의 목표는 1등이 아니다. 매일 3시간씩 열심히 공부하는 게 너의 최고 목표다."

"100점이 목표가 아니다. 2시간 동안 100% 집중해서 공부하는 것이 너의 목표다. 너는 집중력이 뛰어나다. 해낼 수 있다."

"친구를 이기는 게 목표가 아니다. 너 자신을 이기면 된다. 너의 잡념을 줄이고 너의 게으른 습관을 고치는 걸 목표로 삼는 거다. 할 수 있겠니?"

셋째, 기분을 상쾌하게 만드는 계획을 세웁니다. 너무 어려운 계획은 마음을 무겁게 하고 실행 가능성을 떨어뜨립니다. 현실적이며 효율적인 계획이 자신감을 촉발합니다. 또 공부 계획 옆에 놀고 쉬고 즐기는 계획을 함께 기록해 두면 마음이 밝아져서 더 좋을 것입니다. 적절히 쉬고 놀아야 에너지가 충전되고 성취도 가능해집니다.

넷째, 과거의 성공을 떠올리는 것도 좋습니다. 과거에 어떤 노력을 해서 어떤 성과를 거두었는지 구체적인 기억을 떠올리는 것입니다. 성공의 추억 10개만 있으면 어떤 난관도 극복할 돌파력이 생깁니다.

다섯째, 막연한 두려움을 씻어줘야 자신감이 강해집니다. 많은 아이들이 근거도 없이 자신의 실패를 믿습니다. 이번 시험을 망칠 것 같고 좋은 대학에도 못 갈 것 같다고 멋대로 비관하는 것입니다. 그렇게 미래를 두려워하고 자기 능력을 불신하면 자신감을 잃습니다. 부모가 도와서 두려움과 자기 불신이 근거 없다는 걸 깨우쳐 줄 수 있습니다.

여섯째, 실패해도 아무렇지 않다는 걸 알려줘야 합니다. 혹시 이번 시험 따위를 망쳐도 아무것도 아니라고 확고히 말해주면 아이가 두려움 없이 도전할 수 있습니다. 다만 조건은 정해야 합니다. "주어진 시간에 가능한 노력만 다한다면 결과는 중요하지 않다"고 말해주는 부모가 자녀의 눈에 위대해 보일 것입니다.

일곱째, 가장 중요한 게 남았습니다. 자신의 장점에 주목하도록 도와주면 아이는 평생 자신감을 유지할 수 있습니다. 반대로 부모의 단점 지적은 아이의 자신감을 뿌리부터 훼손합니다. 강점을 정확히 찾아내서 보여주는 것이 아이의 자신감을 높이는 가장 좋은 길입니다.

아이에게 발견할 수 있는 167가지 장점

자녀의 자신감 고취 방법 중에서 가장 중요하고도 효과가 높은 것은 장점 교육입니다. 장점을 납득시키는 부모가 자녀의 자신감을 높이 고양시킵니다. 그런데 장점 찾기가 실제로는 만만찮은 과제입니다. 부모 눈에는 단점이 더 크게 보이기 때문입니다.

저희 부부도 다르지 않았습니다. 무척 난처했던 적이 있었습니다. 초등학교에 다니던 아이가 저희 부부에게 의외의 질문을 했습니다.

"저의 장점이 뭔가요?"

"너는 똑똑하고 착하고 성실하잖아."

"어릴 때부터 그렇게 말씀하셨어요. 다른 건 없나요?"

"건강하고 책도 좋아하고…."

"그리고 또 뭐가 있죠?"

"글쎄…."

"그러니까 저의 장점은 다섯 가지뿐인가요?"

"왜 그렇게 물어보니?"

"저도 잘 몰라서요. 저의 장점이 무엇인지 알지 못해요. 단점은 알아요. 짜증 많고 인내심이 부족하고 운동도 못하고 편식하고 친구들과 다투고 수업 시간에 떠들고 등등 수십 가지 단점이 있어요. 그런데 장점은 뭔지 모르겠어요. 저는 장점이 몇 가지 없는 아이인가요?"

저희 부부도 난처했습니다. 솔직히 저희도 아이의 장점을 면면히 알기가 어려웠습니다. 부모들은 이상합니다. 아이의 단점을 더 크게 봅니다. 아이가 부족한 것만 끝끝내 찾아내서 지적하고야 마는 게 부모들의 공통점입니다.

부모에게 자녀의 단점이 더 크게 보이는 것은 사랑하기 때문입니다. 아이가 개선되고 발전하기를 바라서 그러는 것입니다. 하지만 아이의 단점에만 민감하면 해로운 부모가 됩니다.

무엇보다 아이의 자존감을 낮춥니다. 자녀에게 단점을 지적하는 건 "넌 단점이 많은 문제 투성이 아이다"라고 비난하는 것과 같습니다. 인신공격이나 다름없는 것입니다. 단점 지적은 아이의 자기 사랑도 약화시킵니다. 아이로서는 단점이 많은 자신을 싫어하게 되는 게 당연합니다.

공부는 도전입니다.
그런데 자기 장점을 믿는
아이는 자신감이 높으니까
도전을 두려워하지 않습니다.

부모의 개안이 필요합니다. 눈을 떠서 기를 쓰고 장점을 찾아내 아이에게 말해줘야 합니다. 다행히 장점 찾기의 가이드가 될 좋은 자료가 있습니다. 미국 심리학자 크리스토퍼 피터슨Christopher Peterson이 유명한 주장을 했습니다.*

사람에게서 찾을 수 있는 장점은 24가지라는 것입니다. 그 장점들은 어느 시대 누구에게 있다고 했습니다. 그중에서 16가지 장점을 추려서 소개합니다. 모두 우리 아이에게 숨어 있을지 모르는 장점들입니다. 아이의 모습을 떠올리면서 개념을 하나하나 읽다 보면 매치가 될 수 있습니다.

(1) 심미 능력

꽃, 나뭇가지, 하늘을 보면서 아름답다고 느끼는 능력을 말합니다. 또 선하고 올바른 행동을 하는 아름다운 사람에게 감동하는 능력도 됩니다. 아이가 아름다운 꽃을 보면서 감동하나요? 또 언행이 올바른 친구에게 박수를 보내나요? 그렇다면 심미 능력이 있는 아이입니다.

(2) 용기

누군가 반대를 해도 자기 믿음에 따라 행동하는 힘입니다. 또 윤리적인 행동을 하는 것도 용기입니다. 모든 아이들에게는 용기가 있

* 크리스토퍼 피터슨과 마틴 셀리그먼이 함께 쓴 책 『Character Strengths and Virtues』에서 제시된 주장입니다.

습니다. 부모가 보지 않아서 안 보일 뿐입니다.

(3) 창의성

독특한 글을 쓰고 자유로운 그림을 그리면 창의적입니다. 또 생활에서 생기는 작은 문제들을 잘 풀어내도 역시 창의적인 아이입니다. 친구 사이의 갈등을 능숙하게 조정하는 아이가 창의성이 뛰어납니다. 상대방을 기쁘게 만든 선물을 생각해내는 능력이 있다면 역시 창의적이라고 칭찬해야 합니다.

(4) 호기심

호기심이 강하면 새로운 지식에 대한 욕망이 큽니다. 또 새로운 체험을 반기고 새로운 악기와 운동을 배우는 걸 좋아합니다. 새 친구에게도 스스럼없이 다가갑니다. 자기만의 세계에 갇혀 있지 않고 탐험하기를 즐기는 아이는 칭찬받아 마땅합니다.

(5) 공정성

사람들을 모두 공정하게 대하려는 마음입니다. 편협함이 없는 마음입니다. 모든 사람을 소중히 여기는 마음입니다. 공정한 아이가 존중 받는 리더가 될 수 있습니다.

(6) 희망

어려움은 곧 사라지고 밝은 미래가 올 거라고 낙관하는 마음입니다. 나의 노력이 가치 있다는 믿음과 나의 목표가 실현될 거라는 기대도 희망입니다. 희망하는 아이가 밝은 미래를 열 수 있습니다. 우리 아이에게도 희망적이고 낙관적인 성향이 분명히 있을 것입니다.

(7) 겸손

자신의 장점과 능력을 알지만 굳이 자랑하지는 않는 태도입니다. 타인의 가치를 공격하지 않고 스포트라이트를 독점하지 않으려는 자세도 역시 겸손입니다. 겸손한 아이가 친구들에게 감동을 줄 수 있습니다.

(8) 유머 감각

곤란한 상황 속에서도 재미있는 사실을 찾아내는 능력이 유머 감각입니다. 남을 웃게 만들어 인기와 존경을 얻게 됩니다. 역경 속에서도 웃음의 소재를 찾는 아이는 창의성과 용기와 낙관적 정신을 증명한 것과 다르지 않습니다.

(9) 판단력

상황을 이성적으로 분석한 후에 결정을 내리는 능력입니다. 판단력이 좋은 사람은 시간과 에너지를 허비하지 않고 효율적으로 해결책을 찾아냅니다. 판단의 기회를 많이 줄수록 아이의 판단력은 강화됩니다.

(10) 리더십

한 그룹 속의 사람들이 힘을 합쳐서 같은 목표를 성취하도록 독려하는 힘입니다. 달리 말하면 모든 사람을 포용하고 이해하는 넓은 마음이 리더십입니다. 또한 갈등을 조정하는 능력을 뜻하기도 합니다.

(11) 지구력

목표를 향한 인내심을 뜻합니다. 끝까지 노력해서 목표를 이루는 의지와 힘을 말합니다. 지구력을 진심으로 칭찬할수록 아이의 지구력은 강화됩니다.

(12) 큰 그림을 보는 능력

나무 한 그루를 보고도 큰 숲을 상상할 수 있는 능력입니다. 작은 일에서도 큰 의미를 읽어냅니다. '인생의 의미'나 '공부의 의미'를 묻는 아이에게는 이런 능력이 숨어 있습니다.

(13) 신중함

조심스럽게 판단한 후에 행동하는 자세입니다. 말을 하기 전에 잠깐 멈춰서 생각한다면 신중한 것입니다. 신중함 덕분에 불필요한 위험을 피할 수 있습니다. 신중한 아이를 소심하다고 폄훼하지는 말아야겠습니다.

(14) 자기 조절 능력

감정이나 행동을 조절할 수 있는 능력을 말합니다. 자신의 중요한 목표를 위해서 마음의 균형을 유지하려는 힘입니다. 실망과 두려움에 흔들렸다가도 다시 차분해지는 자기 조절 능력이 모든 아이에게 있습니다. 어른들이 그 능력을 더 키워주면 됩니다.

(15) 사회적 지능

자신과 주변 사람의 감정이나 사고를 이해하는 능력을 뜻합니다. 사회적 지능 덕분에 우리는 다른 사람의 마음을 추정할 수 있습니다. 사회적 지능은 행복한 인간관계를 가능하게 하는 지적 능력입니다.

(16) 열정

에너지와 기대감을 갖고 일, 인생, 상황을 대하는 태도입니다. 아침에 기분 좋게 일어나고 하루를 모험처럼 즐기게 만드는 힘입니다. 크게 노래하고 신나게 뛰어 노는 아이의 마음에도 열정이 숨어 있을 것입니다.

16가지 장점 리스트를 소개한 것은, 아이의 장점을 찾는 데 좋은 길잡이가 될 수 있기 때문입니다. 장점의 종류를 기억한 후 아이를 관찰해 보세요. 지금까지 보이지 않았던 아이의 빛나는 장점이 눈에 들어올 겁니다. 우리 아이가 창의적이고 낙관적이며 리더십이 강하다는 게 보일 것입니다. 그러면 칭찬해 주세요. "너는 유머 감각이 뛰어나다" "너는 겸손하며 창의적이어서 감동을 주는 아이다"라고 말하는 것입니다. 아이는 자부심과 자신감도 얻게 될 것입니다. 이렇게 장점을 알려주면 자녀의 자신감과 함께 성적도 올릴 수 있습니다.

미국의 심리학자 리아 워터스Lea Waters는 장점 기반 양육의 중요성을 오랫동안 주장했던 이론가입니다. 장점 기반 양육은 아이의 특별한 능력, 성격, 재능, 기술 등을 자주 인정하고 응원하는 양육법입니다. 그런 양육을 하면 아이가 정서적으로 안정되고, 자존감이 높아지며, 자신을 사랑하게 됩니다. 게다가 학교 성적도 좋아진다는 게 리아 워터스의 주장입니다.•

공부는 도전입니다. 새로운 것을 배우는 도전이기 때문에 공부는 힘이 듭니다. 그런데 자기 장점을 믿는 아이는 자신감이 높으니까 도전을 두려워하지 않습니다. 공부가 어렵고 힘들어도 포기하지 않을 것입니다. 그런 지속적인 도전과 노력의 자세가 학업 성취도를 높일 거라는 것은 명백한 사실입니다.

모든 아이에게는 비밀 같은 장점들이 있습니다. 아이의 숨은 장점을 칭찬하는 한마디가 아이의 인생을 바꿀 수 있습니다. 짧은 문장 하나로 아이에게 영원한 용기를 줄 수 있다니 실로 놀라운 힘입니다. 부모에게는, 부모가 되기 전에는 몰랐던 능력들이 숨어 있습니다.

• 리아 워터스의 홈페이지(www.leawaters.com)에 공개된 글 "Does Strength-Based Parenting Predict Academic Achievement?"에서 인용합니다.

자기 부정이 공부 에너지를 빼앗는다

"더 사랑하고, 더 기뻐하자"

저희 아이가 초등학교 6학년이었을 때의 일입니다. 시험이 다가오는데 공부를 하지 않는 것 같아서 싫은 소리를 했습니다. 꾹꾹 참다가 터뜨린 잔소리여서 5분 정도 이어졌는데 내용은 뻔합니다. "도대체 너는 공부를 안 하고 뭐하냐? 시험을 망치려고 작정을 한 거냐? 다른 아이들은 어떻게 공부할 거 같니?"라면서 스트레스를 줬을 겁니다. TV를 보던 아이는 고개를 푹 숙이고 자기 방으로 들어가더군요.

이후 1시간 정도 조용했습니다. 공부하는 아이를 응원하려고 엄마가 맛있는 빵과 음료수를 준비해서 아이 방문을 노크했습니다. 그런데 답이 없었습니다. 조심스럽게 문을 열어보니 아이는 의자에 앉아 창밖을 보고 있었습니다. 책상 위에 책을 펴놓지도 않았습니다.

1시간 내내 우두커니 앉아 있었던 것입니다. 엄마는 놀라서 "너 공부 안 하고 뭐하니?"라고 물었더니 돌아온 답은 이랬습니다. "야단맞으면 공부가 안 돼요. 제발 야단치지 마세요." 아이의 표정은 그렇게 괴로울 수가 없었습니다.

공부를 방해하는 감정들

그렇습니다. 꾸지람을 듣고 난 뒤엔 공부에 집중할 수 없습니다. 현재 부모인 어른들도 어린 시절에 많은 경험을 통해 알게 된 사실입니다. 지금의 아이들도 똑같습니다. 야단을 맞고 마음이 상한 뒤에는 열심히 하는 게 거의 불가능합니다. 어두운 마음은 공부의 적입니다. 마음이 밝지 않으면 공부가 안 됩니다. 불쾌감, 화, 슬픔 등의 감정은 공부를 방해하는 것입니다. 그건 자연 법칙에 가깝습니다.

물론 아이를 통제하는 것이 부모의 역할입니다. 들떠있으면 진정시켜야 하고 규칙을 어겼다면 합당한 벌을 줘야 하는 것이죠. 그래도 달라지지 않습니다. 아이 마음에 멍이 들도록 질책했다면 공부를 못하게 방해한 것과 다르지 않습니다.

매일같이 야단맞고 비난을 받아서 마음이 불행하면 그 아이는 공부를 잘 해낼 수 없습니다. 허구한 날 불쾌감과 모멸감을 주는 부모는 자녀의 성적을 떨어뜨리는 최대의 빌런입니다.

미국의 심리학자 존 코피 II John K. Coffey II의 설명을 들어보겠습니다.• 그는 자신의 연구 결과를 이렇게 요약했습니다.

"사랑과 기쁨 같은 긍정적 감정이 창의성과 문제 해결 능력과 친절함을 증가시켰다. 긍정적인 감정을 더 많이 경험할수록, 아이들은 더 오랫동안 뛰어놀고 공부하고 친구를 사귀었다."

사랑이 많은 아이가 지적인 능력이 뛰어나다는 것입니다. 이를테면 엄마 아빠를 많이 끌어안는 아이가 창의성이 좋다는 말입니다. 또 친구를 좋아하고 반려동물에 대한 사랑이 깊은 아이가 삶에서 겪는 크고 작은 문제들을 잘 해결한다는 이야기입니다.

위의 연구 결과에서는 사랑뿐 아니라 기쁨도 높은 지적 수준의 증표입니다. 많이 기뻐하는 아이도 지적 능력이 높아서 창의성과 문제 해결 능력이 높다는 게 위 심리학자가 밝혀낸 사실입니다.

그런데 긍정적인 정서의 아이가 머리만 좋은 게 아닙니다. 신나게 뛰어놉니다. 또 친구들을 사귀는 데 적극적입니다. 잘 놀고 잘 사귀는 것도 삶의 중요한 기술입니다. 모든 사람이 그걸 원하지만 아무나 그럴 수는 없습니다. 긍정적 감정을 느끼는 아이는 그걸 해낼 수 있습니다.

그러면 궁금한 게 있습니다. 반대라면 어떨까요. 위 연구에 따르

• 사우스 대학교 스와니 캠퍼스의 존 코피 II 교수는 2019년 10월 과학잡지 『Scientific American』에 실린 글 "Happier Babies Have an Edge"에서 밝은 감정이 성공의 조건이라고 주장합니다.

면 부정적 감정을 자주 느끼는 어린이의 학습 능력은 저하됩니다.

> "슬픔이나 화 같은 부정적 감정을 많이 경험하는 어린이는 배움의 기회가 적었다. 왜냐하면 자신을 괴롭히는 감정을 피하거나 제거하는 데 집중하기 때문이다."

역시 중요한 이야기입니다. 슬픔과 화가 많은 아이는 공부에 집중할 수 없습니다. 책의 글자가 눈에 들어오지 않고 선생님의 말이 귀에 들리지 않습니다. 당연합니다. 자신을 괴롭히는 감정과 싸워야 하기 때문입니다.

가령 감정을 무시당한 아이는 우울해집니다. 또 행동을 억압당한 아이는 화가 쌓입니다. 우울하고 화가 많은 아이라고 해서 죄다 책을 멀리하거나 공부에 약한 것은 아닐 겁니다. 그런데 그런 부정적 감정이 아이의 잠재력 발현을 저해할 가능성은 충분합니다. 아이는 틈날 때마다 책이 아니라 자기 속을 들여다봐야 하기 때문이죠. "나는 왜 이럴까" "나는 왜 이렇게 슬플까" "나는 왜 또 화를 내고 말았을까" "어떻게 하면 마음이 밝아질까"라며 깊이 고민하는 아이를 상상해 보세요. 심리적 고통을 감당하느라 너무 많은 시간과 활력을 소진합니다. 힘들어서 공부할 여력이 없을 것입니다. 안쓰럽습니다. 불쌍합니다.

공부하지 않는다고 꾸지람을 들은 후 방으로 들어간 아이도 마찬가지입니다. 책을 읽을 수가 없을 것입니다. 억울함, 불쾌감, 짜증 등

끓어오르는 부정적 감정을 식히고 가라앉히느라 에너지를 다 쏟을 테니 공부가 될 수 없는 것입니다.

아이가 공부를 열심히 하길 원한다면 아이가 기뻐야 합니다. 아이가 행복한 마음을 갖도록 하는 것이 가장 좋은 공부 뒷바라지입니다. 지적하고 훈계하더라도 아이의 감정이 상하지 않는 선을 지켜야 하겠죠. 먼저 자기 감정을 다스리는 게 부모의 할 일입니다. 아이의 성적표에는 부모의 감정 관리 능력이 반영되는 것입니다.

긍정적 감정이 성적을 높인다

긍정적 성격의 아이와 부정적 성격의 아이는 최종 학력도 차이가 났습니다. 아이들이 29살 성인이 되었을 때 자료를 분석해 보니, 어릴 때 더 많이 웃고 더 기분 좋았던 아이가 대학이나 고등학교를 무사히 마칠 확률이 높았던 것입니다. 학교 교육을 많이 받았다는 것은 직업을 구하거나 부를 쌓는 데 비교적 유리하다는 뜻입니다. 기쁨과 사랑과 웃음이 많은 아이가 학습뿐 아니라 사회생활에서도 성공을 거둘 확률이 높아집니다.

존 코피 II 교수는 놀라운 사실을 하나 더 발견했습니다. 긍정적 감정의 아이가 IQ 발달에서도 우위를 보였습니다. 유아기 때의 IQ와 아동기 때의 IQ를 비교해 보니, 밝은 성격의 아이가 IQ 증가 폭이 더 컸던 것입니다. 기분 좋은 아이는 IQ도 빠르게 큰 폭으로 성장하는 것입니다.

인상적인 위의 연구 결과를 다시 정리해 보겠습니다.

(1) 긍정적 감정을 가진 아이가 창의성이 높고 문제 해결 능력도 좋다.
(2) 긍정적 감정을 가진 아이가 잘 놀고 많이 공부하고 친구도 잘 사귄다.
(3) 부정적 감정을 가진 아이는 공부에 집중하지 못한다.
(4) 긍정적 감정이 많은 아이가 학력이 높다.
(5) 긍정적 감정을 가진 아이는 IQ 향상의 폭이 더 크다.

마음에 새겨야 할 결론이 나옵니다. 아이가 성공하는 걸 보고 싶다면 긍정적으로 키워야 합니다. 윽박지르고 짓누르고 밀어붙이는 것이 능사가 아닙니다.

아이를 긍정적으로 키우려고 무조건 오냐오냐할 수는 없겠죠. 규율도 필요합니다. 그래도 존중의 마음을 잊는 건 곤란하겠습니다. 부모의 개입 태도는 공부 압박이 아니라 공부 추천인 게 좋습니다. 그리고 아이의 존재에 감사하고, 마음뿐 아니라 말과 행동으로도 사랑해야 합니다. 자녀의 긍정성과 높은 성적을 낳는 건 부모의 깊은 사랑뿐입니다.

불행을 이기는 질문

"감사한 일 세 가지만 말해볼까?"

학원비 영수증을 책상에 붙여 놓은 고등학생의 마음은 어땠을까요? TV 프로그램 「1박 2일」에 출연했던 서울대 남학생의 이야기입니다. 경제적으로 여유롭지 않았던 집에서 자란 그는 고등학교 때 학원비 영수증을 책상에 붙여 놓고 공부를 했다고 했습니다.

아마도 월 100만 원이나 200만 원짜리 영수증은 아니었을 겁니다. 서민 가정의 아이가 다니는 보통 학원의 소액 영수증이었겠죠. 보통은 영수증을 구겨 버리거나 눈길도 주지 않죠. 그런데 어떤 아이는 그 평범한 영수증을 눈앞에 붙여 놓고 온 힘을 다해 공부했습니다. 그 아이의 마음에는 무엇이 있었을까요?

미안함이나 죄책감은 아니었을 겁니다. 부모님께 죄송한 마음 때문에 공부에 매진하는 건 어렵습니다. 죄의식처럼 어두운 마음은 마이너스 동력이기 때문입니다. 움츠러들게 하고 뒷걸음치게 하는 것이죠.

공부는 앞으로 나아가야 하는 것이라 플러스 동력이 필요합니다. 희망, 보람, 감사 같은 감정이 공부의 추진력이 됩니다. 그 아이는 부모에 대한 감사를 느꼈을 것입니다. 부모의 희생에 뜨겁게 감사하는 아이는 보통 아이들의 정신 수준을 훌쩍 뛰어넘게 됩니다.

한 여학생은 2016학년도 수능 시험에서 만점을 받고 서울대에 합격했습니다. 유튜브에 공개된 인터뷰 영상을 보면 그 아이의 집도 가난했습니다. 차상위 계층이었다고 합니다. 가난하면 공부하기 불리하지만 분명히 극복 가능하다고 생각했다는 아이는 중학교 2학년부터 새벽 5시에 일어나 도서관에 가서 공부했습니다.

새벽 5시면 한여름이 아니고서는 깜깜합니다. 거리에 다니는 사람도 드물죠. 아직 어린 여학생은 무섭기도 했을 겁니다. 그럼에도 새벽마다 일어났던 아이의 마음에 또 뭐가 있었을까요? 가난한 처지에 대한 불만이나 부모에 대한 원망은 아니었을 겁니다. 그런 부정적 감정에 마음이 흔들리면 교과서에 몰입할 수 없습니다. 희망이나 감사처럼 밝은 마음이어야 글자가 눈에 환하게 들어옵니다.

감사 민감성의 효과

감사는 선물을 받아서 기쁜 마음입니다. 용돈, 맛있는 밥, 커피 한

잔도 고마운 선물이고, 신뢰와 위로도 뜨거운 선물입니다. 그런 선물을 받았다는 사실을 느낄 때 감사의 마음이 생깁니다.

감사를 느끼면 행복해진다는 걸 누구나 알지만, 감사의 힘은 상식보다 훨씬 대단합니다. 그 사실을 '세계 최고의 감사 전문가'라고 불리는 미국의 심리학자 로버트 에몬스Robert Emmons가 밝혀냈습니다. 그가 많은 강연과 글에서 주장한 바에 따르면 감사의 마음은 삶을 완전히 바꿔놓습니다.•

연구 대상은 8살 어린이에서 80살 노인까지 누계 수천 명이었습니다. 연구팀은 그들에게 3주 동안 감사 일기를 쓰게 했습니다. 어떤 일이 행복했고 누가 나를 기쁘게 했는지 기록하게 했던 것입니다. 결과는 놀라웠습니다.

감사 일기를 썼을 뿐인데 면역 체계가 강화되고 만성 통증이 줄어들며 혈압이 낮아진 것으로 나타났습니다. 또 더 편안하고 긴 잠을 잘 수 있었다고 합니다. 아울러 낙관적이고 행복한 마음을 갖게 되었으며, 다른 사람에게는 더 친절하고 다정하게 되었습니다. 감사 일기를 썼을 뿐인데 몸과 마음이 건강해지고 사회적 관계의 질도 향상되었던 것입니다.

아이의 공부 문제로 고심하는 부모가 반가워할 사실도 있습니다. 감사함을 느끼면 공부도 열심히 하게 된다는 것입니다. 그걸 미국의

• 미국 버클리 대학에서 발행되는 『Greater Good Magazine(greatergood.berkeley.edu)』에 실린 글 "Why Gratitude Is Good"에 내용이 요약되어 있습니다.

심리학자 제프리 프로Jeffrey J. Froh 등이 밝혀냈습니다.•

연구팀은 어린이와 청소년 89명에게 감사 편지나 감사 일기를 쓰게 했습니다. 시간이 길지도 않았습니다. 5일 동안 5분에서 10분 동안 감사의 글을 쓰게 했고, 측정했더니 글을 쓴 아이들은 행복감이 월등히 높아진 게 확인되었습니다.

그리고 공부도 잘하게 되었습니다. 무엇보다 동기 의식 강해졌기 때문입니다. 감사의 글을 썼던 아이는 누가 시켜서가 아니라 스스로 동기를 찾아내서 공부에 몰두했다고 합니다. 세상의 많은 부모는 자녀가 학습 동기를 갖게 만들려고 갖은 노력을 다합니다. 그런데 위 연구에서 학습 동기를 유발한 것은 다름 아닌 달랑 몇 장의 감사 글이었습니다.

감사 글을 쓴 아이들은 학교생활과 공부 태도도 변했습니다. 학교생활과 공부에 대한 관심이 높아진 것이 가장 큰 특징이었습니다. 공부에 관심이 있는 아이가 성적이 오르는 건 당연합니다. 감사의 글이 우등생을 만들었던 것입니다.

그런데 어떻게 감사하는 마음이 공부를 열심히 하도록 만들까요. 그것은 감사가 자기 긍정을 부르기 때문입니다. 감사함을 느낀 아이는 자신을 소중한 존재로 긍정하게 되고, 소중한 자신의 미래를 위

• 연구자들은 2009년 학술지 『긍정 심리학 저널(Journal of Positive Psychology)』에 실린 논문에서 그런 주장을 했는데, 로버트 에몬스의 『Gratitude Works!』 3장에 논문의 요지가 정리되어 있습니다.

해 노력하게 되는 것입니다. 그 노력이 바로 공부입니다.

산타클로스의 선물을 받는 아이는 착한 아이입니다. 그와 똑같이 엄마 아빠가 나를 위해 감사하게도 헌신한다는 건 나의 소중함을 증명해 줍니다. 친구가 나에게 고마운 말을 해줬다면 그 또한 내가 사람이라는 증거입니다. 감사한 사람이 주변에 많은 아이는 행복합니다. 자신이 소중하다는 확신을 가지게 되고 자신을 보살피기 위해 노력할 것입니다. 당연하게 공부에도 몰두하겠죠.

감사를 느낄 수 없는 아이는 정반대입니다. 눈을 씻고 봐도 고마운 사람이 주변에 없다면 아이는 자신이 무가치하다고 생각하게 될 것입니다. 가치 없는 자신을 위해서 노력할 이유는 없습니다. 그 힘든 공부는 더더욱 외면하게 되겠죠. 감사한 사랑을 받지 못한 아이들은 아래처럼 차갑고 절망적인 말을 내뱉기 쉽습니다.

"왜 이렇게 힘든 일만 생기나요?"
"나는 소중하지 않아요."
"아무도 나를 좋아하지 않아요."
"공부고 대학이고 내게 어울리지 않아요."

"대학이 자신에게는 어울리지 않는다"는 말이 마음 아픕니다. 자신이 무가치하니까 공부, 성공, 대학 진학 등이 언감생심이라는 것이죠. 감사한 사랑을 경험하지 못한 아이는 그렇게 자신을 비하하게 됩니다.

부모는 아이를 기르려면 엄격하기도 해야 합니다. 규칙을 강조해야 하고 가끔 벌을 세워야 할 때도 있습니다. 하지만 택일해야 한다면 부모는 엄격한 조련사보다는 감사한 존재가 되어야 합니다. 감사한 사랑을 받고 자란 아이가 자신과 삶을 사랑하기 때문입니다.

그걸 저희 부부는 몰랐습니다. 자주 무한히 따뜻하고 감동적이며 헌신적인 모습을 아이에게 보였어야 하는데 그러지 못했습니다. 아이가 초등학교 고학년이 되면서부터 포근하게 안아주거나 무작정 편들어주는 일이 급격히 줄었습니다. 많은 경우 냉정한 조련사처럼 말하고 행동했던 게 아이에게 미안하고 또 깊이 후회됩니다.

감사하는 아이가 목표를 이룹니다. 새벽에 스스로 일어나거나 책상머리에 학원 영수증을 붙여 놓는 아이들의 마음속에는 따뜻한 감사의 정서가 출렁거렸을 게 분명합니다.

아이에게 감사를 가르치는 법

그러면 어떻게 해야 감사가 많은 아이로 키울 수 있을까요. 행복 강의로 명성이 높은 하버드 대학교의 탈 벤 샤하르Tal Ben-Shahar 교수에 따르면 간단한 대화면 충분합니다.*

탈 벤 샤하르 교수 부자는 매일밤 대화를 나눕니다. 아버지가 "오

---

* 『Even Happier』 1장에 실린 내용입니다.

늘 재미있는 일이 뭐였어?"라고 물으면 아들은 답을 한 후에 같은 질문을 던집니다. 즐겁고 기뻤던 일을 이야기하는 동안 삶에 감사하는 마음이 자라게 됩니다.

이처럼 자녀가 삶에 감사하도록 만드는 일은 생각보다 훨씬 간단합니다. 특별한 이벤트나 강연이 필요한 게 아닙니다. 즐겁고 고맙고 감동적인 사건이 무엇이었는지, 어떤 사람이 감사를 느끼게 했는지 대화를 하다 보면, 자녀의 감사 감수성이 쑥쑥 자라게 될 것입니다.

거기에 더해서 할 수 있는 방법은 많습니다. 우선 부모의 적극적인 감사 표현도 필요합니다. 예를 들어서 아이가 작은 도움을 줬을 때 "고맙다"라고 꼭 말하는 것입니다. 남편과 아내가 서로에게 감사를 정중하게 표하는 것도 중요합니다. 그걸 본 자녀는 자연히 감사 표현 습관을 체득하게 될 것입니다. 반면 감사 표현을 하지 않는 부모라면 자녀도 감사 표현에 인색해집니다. 친구가 적어도 이상할 게 없습니다. 감사할 줄 아는 아이는 인기가 많습니다. 부모의 감사 습관이 자녀의 사회성을 높입니다.

많은 연구자들이 확인했듯이 감사 일기를 쓰게 하는 것도 아주 효과적이라고 합니다. 오늘 감사한 일이 무엇인지 글로 남기는 것이죠. 짧게 한두 가지만 써도 좋습니다. 감사 일기를 쓰는 아이는 생활 속에서 감사한 일을 찾아내는 예민한 능력을 키우게 됩니다.

그리고 감사 달력이나 연력을 만드는 것도 좋은 방법입니다. 아이가 즐거운 날, 감사한 날, 행복한 날을 달력에 표시하게 하는 겁니다. 예를 들어 생일, 크리스마스, 방학, 여행, 공부 안 해도 되는 날, 시험 끝나는 날 등에 예쁜 색칠을 하게 하는 것입니다. 그렇게 즐겁고 고마운 날이 기다리는 걸 알면 아이는 더욱 행복할 것입니다.

그런데 뭐니 뭐니 해도 감사를 주제로 자녀와 대화하는 것이 가장 좋다고 연구자들이 강조합니다. 그럴 때 미리 대화의 주제를 다양하게 알아두면 유익할 것입니다. 심리학자 로버트 에몬스가 감사 대화의 주제를 구체적으로 알려줍니다.•

아래와 같은 주제에 대해서 아이와 대화하면 효과적이라고 합니다. 물론 감사 일기의 주제로도 활용할 수 있습니다.

(1) 감사한 일들

"오늘 감사했던 일 세 가지만 떠올려보자"라고 자녀와 대화를 시작할 수 있습니다. 아니면 그걸 일기에 써보라고 자녀에게 제안할 수도 있습니다. 누군가 환하게 웃어줬던 일, 선생님의 칭찬, 맛있는 저녁 등이 감사한 일의 예가 될 것입니다.

(2) 감사한 사람들

감사한 일이 아니라 감사한 사람에게 초점을 맞춰서 대화를 할 수도 있습니다. 친절을 베푼 친구, 용기를 준 선생님, 위로의 말을 했던 엄마가 예입니다. "오늘 누구 덕분에 감사한 하루를 보냈지?"하고 물어보세요.

• 『Gratitude Works!』 7장에 소개된 것 중에서 일부를 선별해 소개합니다.

(3) 내가 받은 인생의 선물

태어나면서 누구나 선물을 받습니다. 긍정적 성격, 그림을 좋아하는 마음, 다정한 말투가 그 예입니다. 또 사랑하는 가족도 인생의 선물이죠. 삶이 건네준 선물에 대해서 말하는 동안 아이는 인생에 대해 긍정하게 될 것입니다.

(4) 머지않아 사라질 것들

시한이 정해진 것에 대해 이야기하다 보면 감사를 느끼게 됩니다. 3개월 후에 다른 학교로 전근 가시는 선생님, 중학생이 되면 헤어질지 모르는 친구들, 며칠 남지 않은 따뜻한 4월, 잠시 피어 있는 예쁜 꽃 등에 대해서 이야기해 보세요. 아이의 감사 능력이 높아질 것입니다.

(5) 없어서는 안 될 것들

"없으면 절대 안 되는 게 뭘까?"라고 아이에게 물어봅니다. 아이가 반려견, 휴대폰, 새로 산 신발을 이야기할 수 있습니다. 아니면 엄마 아빠라고 답할 수도 있겠고, 하나뿐인 지구를 꼽을 수도 있겠죠. 없어서는 안 될 것을 떠올리기만 해도 가슴이 뭉클해질 것입니다.

(6) 인생의 힘들었던 기억

"어떨 때 가장 외롭거나 힘들었지?"라고 아이에게 질문하면 됩니다. 내 인생의 가장 힘들었던 순간을 떠올리면 현재의 삶에 감사하게 됩니다. 아팠던 시절의 기억이 오늘의 건강을 축복으로 여기게 만듭니다.

앞서 보았듯이 감사하면 행복해지고 건강해집니다. 마음이 밝아지는 것은 물론이고 면역 체계가 강해지고 수면의 질도 높아지는 좋은 점이 많다는 걸 연구자들이 밝혀냈습니다. 아울러 학습 동기를 강화하는 것도 감사의 마음입니다. 부모에게 감사하는 아이가 엇나가지 않고 자신의 미래를 위해 노력하게 되는 것입니다. 감사한 부모가 되는 게 아이의 성적을 올리는 좋은 방법입니다.

반대로 감사할 수 없는 부모는 아이에게 해롭습니다. 부모가 다그치고 괴롭히면 감사는커녕 분노와 원망이 아이의 마음 깊은 곳에 자랄 것입니다. 그 결과는 불행감과 낮은 성적이 될 수 있습니다.

저희 부부는 돌아보게 됩니다. 아이에게 감사의 계기를 많이 줬을까 성찰하게 됩니다.

어린이들은 감사 편지를 자주 씁니다. 어버이날이나 부모님의 생신일 때 숙제처럼 써야 하죠. 저희 집 책상 서랍 깊은 곳에도 감사 편지가 하나 있더군요. 이제는 대학생이 된 저희 아이가 초등학교 때 쓴 글입니다.

"부모님, 11년 동안 저를 잘 키워주셔서 감사합니다. 부모님께서 11년 동안 키워주셨는데도 제가 여태까지 수없이 불효를 저지른 것 같네요. 죄송합니다. 제가 자라면서 부모님은 모든 것을 해주셨는데,

불효라니 정말 죄송합니다. 앞으로 효도를 많이 하겠습니다. 진짜 진짜 감사합니다. 그리고 부모님, 사랑해요. (2009/5/7 아들 올림)"

진심으로 감사하는 것 같습니다. 의심의 여지가 없습니다. 그런데 중학교에 올라가고 또 고등학생이 되고 난 후에는 이런 감사의 편지를 거의 쓰지 않았습니다. 그리고 어버이날이나 생일에 했던 감사의 인사에는 감정이 없었습니다. 그건 저희 부부가 중고교 때 아이를 다그치고 괴롭힌 결과일 것입니다. 이해합니다. 자신을 괴롭히는 부모에게는 설사 감사를 느낀다 해도 도저히 표현할 수는 없었겠죠. 이제 와서 생각해 보니 감사한 부모가 되는 걸 육아의 최고 목표로 삼는 것도 아주 좋을 것 같습니다.

자기 긍정감을 고취시키는

부모 말투

"너는 좋은 것을 가질 자격이 있다."

"너는 장점이 이렇게나 많다."

"너는 유머 감각이 뛰어나서 주변 사람들을 기쁘게 만든다."

"너는 자랑스러운 일을 많이 했다."

"지난번에는 실수를 했어. 하지만 조심하면 더 잘할 수 있어."

"어제는 넘어져서 아팠지. 하지만 오늘은 무릎 보호대를 했으니 괜찮아."

"너는 겸손하고 창의적이어서 감동을 주는 아이야."

"엄마 말을 따라주니까 엄마는 행복해."

"친구를 이기는 게 목표가 아니다. 너 자신을 이기면 된다. 너의 잡념을 줄이고 너의 게으른 습관을 고치는 걸 목표로 삼는 거다. 할 수 있겠니?"

"100점이 목표가 아니다. 2시간 동안 100% 집중해서 공부하는 것이 너의 목표다. 너는 집중력이 뛰어나다. 해낼 수 있다."

"오늘 감사했던 일과 사람들을 떠올려보자. 감사 일기를 쓰는 것도 좋아."

A
B

7

몰입과 효율

집중력이 공부 효율과 성적을 높인다

아이가 부족해서 집중을 못 하는 게 아닙니다. 원래 집중하는 것은 어렵습니다. 뇌가 계속 방해하기 때문이죠. 비유하자면 집중은 '모기떼와의 싸움'입니다. 책을 읽는 동안에도 모기떼 같은 잡념이 머리 주위를 맴돌다가, 틈만 나면 기습 공격을 합니다. 공격의 틈을 주지 말아야 집중이 유지됩니다. 그러니 아이가 산만하다고 비웃거나 야단치지 마십시오. 대신 집중은 본래 아주 어려운 일이라고 이해를 표하십시오. 이해가 아이에게 용기를 줄 것입니다.

오롯이 현재 속에 살게 하려면

"바로 앞에 있는 것에 주의력을 모아봐"

저희 부부의 친척인 규현은 중학교 3학년 때 불행한 일을 맞았습니다. 쉰 살을 갓 넘긴 아빠가 사고로 갑작스레 세상을 떠난 것입니다. 남은 가족은 말할 수 없는 충격과 슬픔에 빠졌습니다. 아빠가 늦둥이 아들을 무척 아꼈기 때문에 규현의 상실감이 무척 컸을 것입니다. 몇 개월 후 격한 슬픔이 가라앉았을 때 다시 만난 규현이에게는 뜻밖의 변화가 있었습니다. 학교 성적이 많이 올랐던 것입니다. 아빠가 계실 때보다 공부에 더 집중한다고 했습니다.

저희는 큰 아픔을 겪은 아이가 오히려 성적 향상을 이룬 것이 놀라웠고 그 경위도 궁금했습니다. "하늘에 계신 아빠를 생각해서 더 열심히 공부했다"고 설명했어도 납득하고 감동했을 텐데 실제 규현이의 설명은 달랐습니다. 아빠가 생전에 강조했던 가르침 덕분이었다고 합니다. "현재 속에 살라"는 말씀을 자주 했다고 합니다. "과거를 슬퍼 말고, 미래를 무서워 말고, 오직 지금 이 순간에 정신을 다 쏟으라"고 말했답니다.

어린 규현이는 현재에 집중한다는 게 어떤 의미인지 알 도리가 없었는데, 아빠가 돌아가시고 나서 저절로 깨우치게 되었다고 합니다. 아빠의 사고 직후에는 혼란스럽고 괴로웠다고 하더군요. 아빠에게 잘못했던 기억이 떠올라 미안하고, 또 아빠도 없이 가족들이 잘 살 수 있을지 걱정도 심했다고 합니다.

그런데 이 모든 심리적 고통에서 벗어나는 길이 있었습니다. 바로 책이었습니다. 글자 하나하나에 주목하고 있으면 마음이 괴롭지 않았다고 합니다. 과거에 대한 후회도, 미래에 대한 두려움도 사라졌다고 합니다. 그렇게 해서 아빠 말씀대로 현재 속에 살면 행복해진다는 걸 알게 되었다고 합니다. 학교 공부는 독서보다 더 힘들지만, 그래도 집중하면 좋았습니다. 마음이 편해졌고 또 성적도 조금씩 오르니 보람도 있었습니다. 결국 아빠가 아들에게 값을 초월하는 유산을 물려줬습니다.

그렇습니다. 그 아이는 집중의 의미를 정확히 알게 되었습니다. 집중한다는 것은 '현재 속에 존재하는 것'입니다. 바로 앞에 있는 글자, 얼굴, 소리, 맛에 주의력을 모으는 것'이 집중입니다. 집중하면 과거와 미래의 고통에서 벗어날 수 있습니다. 아울러 독서가 재미있어지고 학교 성적은 오르게 됩니다.

그런데 문제가 있죠. 집중한다는 것이 쉽지 않습니다. 선천적으로 집중력이 좋은 아이도 있지만, 훈련을 통해 익히지 않으면 안 되는 아이들도 있습니다. 하지만 뒤집으면 더 희망적이게 됩니다. 당장은 부족하더라도 연습하면 집중력이 향상될 수 있는 것입니다. 그리고 집중력을 높이면 IQ 따위의 작은 핸디캡은 얼마든지 극복할 수 있습니다. 전문가들이 말하는 집중력 향상의 방법에 대해 이야기해 보겠습니다.

"집중하라"고 다그치기 전에

부모들의 가장 큰 착각이 있습니다. "집중하라"고 야단치면 아이가 집중할 거라고 생각하는 것입니다. 혼내고 소리친다고 해서 산만한 아이가 집중하지 못합니다. 대부분의 아이는 집중이 무엇인지 알지도 못하기 때문이죠. 필요한 순서를 따를 필요가 있어요. 우선 집중력이 무엇인지 알아듣게 설명한 후에 집중을 요구하는 것이 맞습니다. 그런데 알아듣게 설명하는 게 쉽지 않죠.

다행히 도와주는 연구자가 있습니다. 미국 심리학자 랜디 컬먼Randy Kulman 박사가 어린이도 납득할 수 있게 구체적으로 설명합니다.*

"집중력이 무엇이냐고? 지루하고 재미없는 일을 시작하는 힘이 집

---

* 『Train Your Brain for Success』 5장의 내용입니다.

중력이다. 숙제할 때 떠오르는 딴생각을 무시하는 힘이 집중력이다. 동생이 공부를 방해해도 다시 공부로 마음을 되돌리는 것이 집중이다. 선생님이나 부모님이 말씀하시는 동안 꼼꼼히 듣는 게 집중이다. 음식이 얼마나 맛있는지 느끼면서 천천히 먹는 게 집중이다. 수업 시간에 친구들이 소리를 내더라도 무시해 버리고 선생님 말씀에 귀를 기울이는 게 집중이다. 수업시간에 공상에 빠지지 않는 게 집중이다."

위와 같이 피부에 와닿게 구체적으로 설명해야 아이들이 집중을 시도할 수 있습니다. "집중하라"는 요구만 듣는 아이는 뜬구름을 잡아야 하는 막연한 느낌일 수밖에 없습니다. 위의 예를 아이의 개성과 상황에 맞게 변용해서 들려주면 유익할 것입니다.

또 집중을 시각적으로 교육하는 것도 가능합니다. 엄마 아빠가 독서나 일에 집중하는 모습을 보여주면 그것이 가장 훌륭한 집중력 교육입니다. 부모의 집중력 시범이 선행되어야 하는 것이죠.

그런데 독서가 너무 어렵다고요? 방법이 있습니다. 쉽고 재미있는 책부터 읽으면 됩니다. 어린이의 동화책도 나쁘지 않습니다. 책의 종류와 무관하게 부모가 몰입 독서하는 모습을 보여주는 것만으로도 충분히 교육적입니다.

그리고 아이가 부모와 함께 집중을 공동으로 경험할 수도 있습니다. 자기 옆에서 책을 읽어주는 엄마 아빠가 책 내용에 몰입하고 재미를 만끽하면서 기쁘게 이야기를 해주면, 아이는 집중의 묘미를 체험하게 됩니다. 그리고 꼭 책이어야 하는 건 아닙니다. 흥미로운 영화나 드라마에 대해서 눈을 반짝이며 이야기하는 엄마 아빠도 아이에게 집중의 즐거움을 가르치게 됩니다.

아이가 어릴 때부터 집중력에 대해 설명해 주고 집중력 훈련을 시키는 것이 중요한데요. 무엇보다 수업에 집중해야 한다고 특별히 강조하는 게 좋을 것 같아요. 초등학교 수업 시간에 공상에 빠지기 시작하면 산만함이 습관이 되어서 중고교 때까지 악영향을 끼칩니다. 어릴 때 잡아줘야 합니다. 그렇게 보면 집중력이야말로 조기 교육이 꼭 필요한 과목입니다.

집중이 원래 어려운 거라고 알려준다

집중은 원래 힘든 일이라는 것을 알려줘도 아이에게 큰 도움이 됩니다. 실제로 집중은 고난도 작업입니다. 인간에게는 잡념이 너무나 많기 때문에 그렇습니다.

어른도 깨어 있는 시간의 절반쯤은 딴생각을 하면서 보냅니다. 과학적 연구가 뒷받침하는 이야기입니다. 미국 하버드 대학의 심리학자 다니엘 길버트Daniel Gilbert가 2010년 학술지 『사이언스』에 발표한 논문이 주목을 받았는데, 요점은 성인들이 깨어 있는 시간의 약 47%를 딴생각하며 보낸다는 것입니다. 눈앞에 급한 일을 두고도 돈 걱정, 가족 생각, 미래 생각, 과거 회상을 하면서 시간을 보내는 것입니다. 그러면 아이들은 어떤 딴생각을 할까요?

몰입 이론 전문가인 미국 심리학자 미하이 칙센트미하이Mihaly Csikszentmihalyi가 책상 앞에 앉은 청소년의 머릿속을 묘사했습니다.•

"10대 청소년이 혼자 있으면 머리에 생각이 저절로 떠오른다. 내 여자 친구는 지금 뭘 할까? 내 얼굴에 여드름이 났나? 수학 숙제를 제시간에 다할 수 있을까? 어제 나와 싸운 아이는 또 나를 때리려고 할까? 부정적인 생각들이 무대 중심으로 비집고 들어오는 것을 막아 낼 도리가 없다."

책상 앞에 앉아 있는 청소년의 머릿속은 쓸모없는 상념의 전쟁터입니다. 더 어린아이들도 상념의 종류는 다르겠지만 갖은 생각에 빠진다는 점은 같을 것입니다. 예를 들어 이런 잡념일 것입니다.

"친구가 보낸 중요한 카톡을 놓친 건 아닐까. 걔는 왜 그런 짜증나는 소리를 했을까. 이러다가 재미있는 TV 프로그램을 못 보는 거 아냐. 내일 또 수학 학원에 가야 하네. 치킨을 시켜달라고 하면 아빠가 살찐다고 또 잔소리하겠지."

• 『Flow : The Psychology of Optimal Experience』 8장의 문단을 번역해 소개합니다.

남녀노소 가릴 것 없이 전 세계의 모든 사람들이 잡념을 떠올리며 집중을 못 하는 것은 다 '뇌' 때문입니다. 뇌는 잡념들을 쉼 없이 생산해서 머릿속으로 밀어 넣습니다. 그런 사실을 아이에게 알려주는 게 차라리 유익합니다. 예를 들면 이렇게 말하는 방법이 있습니다.

"너의 뇌가 얼마나 이상한지 아니? 잡념과 걱정거리를 만들어서 마음속으로 집어넣는다. 공부하면서도 그래. 잡생각들이 머리에 가득해질 거야. 잡념 먹구름을 몰고 와서 너를 괴롭히는 게 뇌의 취미야. 뇌는 참 못됐어."

우리 아이가 부족해서 집중을 못 하는 게 아닙니다. 원래 집중하는 것은 어렵습니다. 뇌가 계속 방해하기 때문이죠. 그러니 아이가 산만하다고 비웃거나 야단치지 마십시오. 대신 집중은 본래 아주 어려운 일이라고 이해를 표하십시오. 이해가 아이에게 용기를 줄 것입니다. 잡념과 싸우고 집중을 시도할 용기 말입니다.

비유하자면 집중은 '모기떼와의 싸움'입니다. 책을 읽는 동안에도 모기떼 같은 잡념이 머리 주위를 맴돌다가, 틈만 나면 기습 공격을 합니다. 공격의 틈을 주지 말아야 집중이 유지됩니다. 보통은 방어율이 50%에 불과합니다. 위에서 보았듯이 사람은 깨어 있는 시간의 47%는 잡념에 빠져서 지냅니다. 100분 동안 공부한다면 47분 정도는 딴생각을 하게 되는 것입니다. 이렇게 말해줄 수 있겠네요.

"집중은 원래 어려운 거야. 잡념은 모기떼와도 같지. 잡념 모기의 침투력은 엄청나게 강해. 이 못된 모기떼들의 머릿속 침입을 허락할까? 말까? 네가 결정해 봐."

책 읽기나 선생님 말씀을 '보물찾기'에 비유할 수도 있습니다.

"책의 구석구석에 빛나는 보석이 있어. 차근차근 찾아볼까? 보석을 하나도 놓치고 싶진 않잖아."
"선생님이 말씀하는 단어 하나하나가 귀한 보물이야. 보물찾기하듯 들어볼까?"

저희 아이가 "집중이 안 되서 힘들다"고 하소연했을 때, 저희 부부는 집중을 '모기'와 '보물'로 비유해 이렇게 설명을 해줬습니다. 어른이 잡념 때문에 성가셔하듯이 아이들도 잡념이 괴롭습니다. 또 공부에 몰입하는 친구를 부러워합니다. 아이도 자기가 집중할 수 있기를 바라는 것이죠. 비유를 통한 설명이 아이를 돕는 방법 중 하나입니다.

또 다른 방법이 있습니다. 아이의 마음을 편하게 만들어주는 것입니다. 모두가 알듯이 마음의 평화가 집중력의 조건입니다. 눈앞의 글자와 소리에 몰입하려면 미래에의 두려움이나 과거에 대한 후회가 없어야 합니다. 낙관적이고 부끄러움이 없는 아이가 집중력이 강하고 공부도 잘합니다. 그래서 겁을 주거나 재촉하거나 과거 일을 들추지 않는 노력이 부모에게 꼭 필요한 것입니다.

효과적인 집중력 훈련법들

"게임하듯 집중력을 높일 수 있어"

높은 집중력은 모든 사람의 꿈입니다. 방법도 많이 연구되고 알려져 있습니다. 그중에서 유명하고 효율적인 것들을 뽑아서 소개하겠습니다.

뽀모도로 테크닉 6단계

집중력 훈련 방법 중에서 많이 알려진 것이 뽀모도로 테크닉입니다. 25분 집중하고 5분 쉬기를 반복하는 집중력 훈련법입니다. 과정은 6단계로 나뉩니다.

(1) 할 일이 무엇인지 결정한다.

(2) 타이머를 맞춘다. 보통 25분이다.

(3) 공부나 일을 시작한다.

(4) 타이머가 울리면 일을 멈추고 5분 쉰다.

(5) (2)~(4)를 3회 내외 반복한다.

(6) 몇 회 반복했으면 30분 정도 충분히 쉬었다가 다시 (2)를 시작한다.

'뽀모도로'는 이탈리아어로 토마토를 뜻합니다. 이 시간 관리법을 발명한 사람이 토마토 모양의 알람 시계를 사용했기 때문에 이런 귀여운 이름이 붙었죠.

뽀모도로 테크닉의 장점은 쉽다는 점입니다. 25분간 집중하는 것은 어렵지 않습니다. 목표가 부담스럽지 않으니 누구나 도전해 보고 싶어합니다. 또 효과가 높다는 증언도 많습니다. 세상에서 가장 간편하고 효과적인 집중력 훈련법 중 하나라고 할 수 있습니다. 초등학생이라면 25분보다 짧게 집중 시간을 조절하는 것도 좋겠습니다. 5분도 좋고 10분도 괜찮습니다. 점차 늘려가면 되는 것입니다.

미국 페리스 주립 대학에서 추천하는 집중력 관련 팁도 눈길을 끕니다.*

---

* 페리스 주립 대학(Ferris State University)이 홈페이지(www.ferris.edu)를 통해 추천한 팁입니다.

첫 번째, 어려운 것부터 시작하는 게 좋다고 합니다. 책을 처음 펼쳤을 때 가장 정신이 맑고 집중력도 높으니까 어려운 과제를 처리하는 게 합리적입니다. 쉽거나 재미있는 과목은 집중력이 약해진 후반에 해도 됩니다. 그런데 보통 아이들은 반대입니다. 쉬운 것부터 먼저 공부하고 어려운 것은 최대로 뒤로 미루는 것이죠. 효과가 낮은 집중력 활용법입니다.

페리스 주립 대학은 상당히 효과적인 집중력 강화법도 소개합니다. 이름을 붙이면 '딴생각 체크법'입니다. 정신이 산만해질 때마다 체크를 하는 것이죠. 가령 독서를 하다가 딴생각이 들면 그때마다 책 옆에 놓인 종이에 표시를 하나씩 하는 것입니다. 이 단순한 행동이 집중력 향상을 많이 돕는다고 합니다. 처음에는 한 페이지를 읽을 때마다 최대 20회까지 체크를 하지만, 1~2주 후에는 페이지당 체크 횟수가 1~2회 정도로 줄어든다는 설명입니다.

규칙 정하기와 잡념 노트 활용하기

미국 노스캐롤라이나 대학이 학생들에게 제시하는 두 가지 집중력 강화 훈련법도 효과적일 것 같습니다.•

• learningcenter.unc.edu에 실린 글 "Optimizing Attention: Self-Monitoring Strategies" 중 일부를 소개합니다.

먼저 규칙 정하기 방법이 있습니다. 공부를 시작하기 전에 미리 오늘의 규칙을 정해놓는 것입니다. 예를 들어 "공부 중에는 페이스북을 열지 않을 것이다"라고 결심할 수 있겠습니다. 또 "40분 공부를 한 후에는 10분 쉰다"거나 "오늘 공부가 끝나면 맛있는 것을 사 먹을 것이다"라고 다짐하는 것도 효과적입니다. 그렇게 계획을 몇 번 되뇐 후에 공부를 시작하면 집중력이 월등히 높아진다고 합니다. 우리 아이들에게도 비슷한 종류의 제안을 할 수 있겠습니다.

"오늘은 30분 동안 일어나지 않고 공부에 집중해 보자."
"오늘은 한 글자 한 글자 놓치지 않고 천천히 읽어보자."

아이가 이 규칙을 받아들이면 집중력 있게 공부할 수 있습니다.

노스캐롤라이나 대학은 잡념 노트를 활용해도 집중력이 향상된다고 설명합니다. 책상에 작은 노트를 두고 걱정이나 불안한 생각이 떠오를 때마다 그 내용을 노트에 적는 것입니다. 언뜻 시간을 많이 뺏길 것 같겠지만 사실은 그렇지 않습니다. 사람은 계속 같은 걱정을 합니다. 돈 걱정이 있는 사람은 온종일 돈 걱정을 반복하고, 미래가 두려운 경우에는 그 두려움이 머릿속에서 무한 되풀이됩니다. 그렇게 걱정거리의 종류는 제한되어 있으니 노트에 쓸 내용도 적습니다. 노트 작성에는 시간이나 노력이 생각보다 훨씬 적게 소요되는 것이죠.

공부 멘토로 유명한 이윤규 변호사가 유튜브에서 소개한 체험도 비슷합니다. 불안감이 사법 시험 공부를 방해하자 그는 불안 노트를 마련해서 공부 중에 떠오르는 불안의 내용을 적었다고 합니다. 그런데 불안의 종류가 몇 가지 되지 않았습니다. 노트를 한 권 샀지만 고작 4페이지밖에 못 썼다고 합니다.

아이에게 잡념 노트 또는 걱정 노트를 쓰게 하면, 자신이 무의미한 걱정에 빠져든다는 걸 스스로 깨닫게 될 것입니다. 그런 각성 이후에는 잡념이 줄어들고 집중력이 높아질 거라고 기대해도 좋습니다.

게임하듯 집중력 훈련하기

아이가 아직 어리다면 게임을 하듯이 집중력 훈련을 하는 것도 좋습니다. '바른 행동 계약서'를 활용하면 됩니다. 예를 들면 이렇습니다.

<바른 행동 계약서>

○○의 문제 행동

(1) 공부할 때 오래 집중하지 못한다.
(2) 공부하다가 일어나서 자주 옮겨 다닌다.

○○의 행동 약속

(1) 공부할 때 30분 동안 같은 자세로 앉아 있는다.
(2) 잡념이 떠오르면 즉시 잡념 노트에 적는다.
(3) 30분 동안 의자에서 일어나지 않는다.
(4) 공부 장소는 거실로 하고, 부모님이 시간을 잰다.

부모님의 보상 내용

○○가 위의 행동 약속을 지키면 10점을 준다. 지키지 못하면 5점 감점이다.
20일간 쌓인 포인트를 자유롭게 쓸 수 있다.

(1) 원하는 영화를 볼 권리 : 10점
(2) 치킨 주문권 : 20점
(3) 친구들과 파자마 파티 하기 : 50점
(4) 고양이 기르기 : 80점
(5) 영어 학원 한 달 쉴 권리 : 130점

해외 연구자들은 '집중 체크 게임'도 추천합니다. 집중 여부를 아이가 스스로 체크하도록 하는 것입니다. 가령 책을 읽으면서 타이머를 10분이나 20분 간격으로 울리게 맞춰 놓고, 그때마다 집중하고 있었는지 체크를 하는 것입니다. 결과에 따라 상을 줄 수도 있습니다.

타이머가 집중을 방해한다고 판단되면 위에서 말한 "딴생각 체크 게임"을 할 수도 있습니다. 독서를 하는 동안 잡념이 떠올랐다면 한 번 체크하거나, '바를 정正' 자를 쓰게 하는 것입니다.

<딴생각 체크 노트>

날짜	읽은 책	책 읽은 시간	딴 생각 횟수
2021년 12월 30일	하늘을 나는 고래	40분	正 下
2022년 1월 2일	수상한 기차역	50분	正
2022년 1월 6일	불량한 자전거 여행	30분	下

결국 휴대폰과의 싸움이다

아이의 집중력 향상을 위해 단 한 가지를 해야 한다면, 그것은 휴대폰과의 전쟁입니다. 휴대폰이 집중력 와해의 가장 큰 원인이기 때문이죠. 휴대폰은 성적의 천적입니다. 기억해야 할 연구 결과가 있습니다.

브라질의 상파울루 경영학교FGV/EAESP의 연구자들이 2018년 발표한 논문에 따르면 스마트폰의 영향은 지대합니다.*

상파울루 경영학교의 학생들을 대상으로 조사했더니 하루 100분 동안 스마트폰을 쓰면 석차가 6.3% 낮아지는 것으로 나타났습니다.

* 연구자는 Daniel Darghan Felisonia 등이며, 논문이 실린 학술지는 『Computers & Education』 2018년 2월호입니다.

또 수업 중에 스마트폰을 쓰는 경우에는 석차 하락이 두 배였습니다. 스마트폰을 많이 쓸수록 성적이 떨어집니다. 이것은 기온이 떨어지면 물이 어는 것과 같은 자연 법칙에 가깝습니다.

또 다른 유명한 연구 결과가 있습니다. '열정적 끈기'를 뜻하는 개념인 '그릿'을 퍼뜨린 심리학자 안젤라 더크워스Angela Duckworth가 수천 명의 고등학생의 데이터를 비교해서 2017년 연구 결과를 발표했습니다.*

결론은 간단합니다. 휴대폰과의 거리는 성적과 비례합니다. 즉 공부할 때 스마트폰을 멀리 두는 학생일수록 성적이 높은 것입니다.

<휴대폰과의 거리와 성적>

휴대폰과의 거리	학교 성적표 점수
휴대폰을 바로 옆에 둔다. 화면을 위로, 소리는 켠다.	81.1점
휴대폰을 바로 옆에 엎어 놓는다. 무음으로 한다.	83.1점
휴대폰을 내 방 보이는 곳에 둔다.	83.4점
내 방이지만 손이 닿지 않고, 보이지도 않는 곳에 둔다.	83.7점
휴대폰을 다른 방에 둔다.	84점

* 2021년 1월 17일 미국 일간지 「필라델피아 인콰이어러」에 실린 안젤라 더크워스의 기고문 "When cell phones come between teens and studying"에 나오는 정보입니다.

앞에서 보는 것처럼 휴대폰과 학생의 거리가 멀수록 성적은 높아졌습니다. 이유는 충분히 짐작할 수 있습니다. 휴대폰이 집중력을 떨어뜨리는 물건이기 때문입니다. 아이들이 쥐고 있는 휴대폰이 성적을 깎아내립니다.

자녀에게 꼭 알려야 할 사실입니다. 아이도 충분히 납득할 것입니다. 컴퓨터와 멀어질 용기를 가진 아이가 게임 중독에서 벗어나서 공부에 집중할 수 있습니다. TV도 멀리해야 책을 읽고 생각할 여유가 생깁니다. 아이에게 오랜 기간 반복적으로 설득해야 합니다. 전자기기와 멀어져야 집중력이 높아지고 자신이 발전할 수 있다고 믿을 때까지 말입니다.

이처럼 집중력 훈련법은 종류가 다양하지만 어떤 것을 선택하거나 원칙 세 가지를 기억해야 하겠습니다. 캐나다 심리학자 스튜어트 생커Stuart Shanker가 그 원칙을 제시했습니다.*

첫 번째로 느려야 합니다. 빠른 속도를 내면 집중하기 어렵습니다. 특히 어린 아이라면 더더욱 차분하게 읽고 생각하도록 이끄는 게 좋습니다. 속도를 내라고 채근하는 순간 아이의 집중력이 무너집니다.

두 번째로 필요한 자극을 강하게 만드는 것이 중요 원칙입니다. 마음속으로만 읽지 말고 소리를 내서 천천히 읽게 하는 것입니다.

---

* 스튜어드 생커의 저서 『Self-Reg』의 7장을 참고했습니다.

또 읽지만 말고 필요한 것은 쓰도록 해도 좋습니다. 나아가서 누군가에게 설명하는 것도 효과적입니다. 쓰고 낭독하고 설명하는 행위가 묵독보다 자극이 강하고 큽니다. 자극이 강해지면 집중력도 따라서 높아질 수밖에 없을 겁니다.

세 번째로 공부 내용을 잘게 나눠야 합니다. 목표를 여러 단계로 나눠야 한다는 것인데, 이런 목표의 단계화는 공부에서 가장 중요한 원칙입니다.

할 일이 큰 덩어리로 보이면 시작할 엄두가 나지 않습니다. 지구력도 떨어지고 자신감도 잃게 됩니다. 실행 가능한 계획을 세울 수도 없습니다. 반대로 공부 목표를 나눠서 단계화하면 문제가 해결됩니다. 무엇보다 자신감과 집중력이 높아질 것입니다.

책 읽기에 집중하지 못하는 아이들은 보통 '이 책을 언제 다 읽나'라고 걱정을 합니다. 두꺼운 책을 쉽게 완독하는 아이는 다릅니다. '한 단원씩만 읽으면 결국 다 읽게 된다'고 생각하죠. 목표를 여러 단계로 나눠 생각하도록 도와야, 집중력을 비롯한 아이의 공부 실력이 향상됩니다.

그렇게 느린 속도, 강한 자극, 목표의 단계화가 집중력을 높이는 게 사실이겠지만, 중요한 원칙이 하나 더 남아 있습니다. 의미가 집중력을 결정합니다. 내가 하는 일이나 공부에 어떤 의미를 부여하느냐에 따라 집중력의 수준이 달라지는 것입니다.

공부가 나를 행복하게 만들 거라고 믿는 아이가 공부에 집중할 수 있습니다. 공부할 수 있는 기회가 소중하다고 생각하는 아이의 집중력이 높습니다. 왜 공부를 해야 하는지 부모와 자녀가 진실되게 대화하고 가치를 공유해야 하는 이유입니다. 공부의 의미를 일깨워주는 일이 어렵지만, 그럼에도 엄마 아빠의 피할 수 없는 숙명적인 숙제입니다.

기억력 높이는 몰입 독서법

"어떻게 읽어야 더 재미있을까?"

저희 아이는 2018년 정시 전형을 통해 서울대 자연 계열에 합격했습니다. 자연 계열 입시였지만 국어 점수의 가중치가 높았기 때문에 언어에 상대적으로 강한 저희 아이가 유리했습니다.

저희 아이는 어릴 때부터 '독서 기억력'이 좋았습니다. 그러니까 책을 읽으면 중요한 내용을 자기 언어로 요약한 후 기억하는 능력이 괜찮았던 것입니다. 그 덕에 국어 등 언어 분야의 점수가 높았고 대입에도 유리했던 것 같습니다.

그런데 순탄하기만 했던 것은 아닙니다. 저희 아이의 독서 기억력 발달 과정에는 위험한 침체기가 있었습니다. 어느 날부터 아이는 책을 읽고도 아무것도 기억하지 못했습니다. 저희 부부는 앞이 깜깜했습니다. 방금 책을 읽고도 기억은커녕 이해도 못 하는 건 공부를 멀리하는 아이의 전형적 특징이었기 때문입니다. 부모로서 큰 걱정이 아닐 수 없었죠.

초등학교 3학년 때 학교생활 스트레스가 컸던 것이 원인이라고 짐작했습니다. 아이가 예민한 편이어서 선생님이나 친구 관계가 쉽지만은 않았던 것 같습니다. 더러는 상처도 받았고 무서운 일도 있었을 겁니다. 그런 스트레스 때문에 공상이 많아진 것 같았고, 그에 따라 아이의 독서 집중력이 확연히 저하되는 게 보였습니다.

딴생각 독서법과 몰입 독서법

저희 부부는 어떻게 해야 할까 고민이 깊었는데 결국 방법을 하나 찾아냈습니다. 아이가 독서할 때 잡념의 포로가 된다는 걸 생생히 알려주는 게 최선이라고 생각했습니다.

아이들이 독서를 하는 방법은 두 가지로 나눌 수 있다고 봅니다. 아주 단순화하면, 딴생각 독서와 몰입 독서가 있습니다. 가령 주몽에 대한 글을 읽었다고 해보겠습니다.

주몽 이야기 원본

고구려를 세운 주몽의 아버지는 해모수였고 어머니는 유화였다. 해모수는 하늘 신의 아들이었고 유화는 물의 신의 딸이었다. 주몽은 신의 핏줄을 타고났던 것이다. 어머니 유화가 알을 낳았는데 얼마

후 알을 깨고 주몽이 태어났다. 주몽은 일곱 살이 되자 말을 타고 활을 쏠 수 있었다고 한다.

그런데 위의 글을 읽을 때 아이들이 모두 똑같이 읽지 않습니다. 머릿속에 떠오르는 생각이 다르고, 그에 따라 독서 방법도 다릅니다. 먼저 잡념이 많은 딴생각 독서법입니다. ( )안은 아이들의 생각을 글로 표현한 것입니다.

딴생각 독서법

고구려를 세운 주몽의 아버지는 해모수였고 어머니는 유화였다.('친구 채우는 내가 싫은 걸까?') 해모수는 하늘 신의 아들이었고 유화는 물의 신의 딸이었다('숙제 안 하면 선생님이 야단을 심하게 치실까?') 주몽은 신의 핏줄을 타고났던 것이다. ('수학 학원 가기 싫다.') 어머니 유화가 알을 낳았는데 얼마 후 알을 깨고 주몽이 태어났다. ('저녁에는 볶음밥을 먹어야겠다.') 주몽은 일곱 살이 되자 말을 타고 활을 쏠 수 있었다고 한다.('오늘 TV에서 뭘 하더라?')

정확히는 아니지만 저희 아이도 위와 비슷한 잡념에 빠져서 책을 읽었습니다. 눈으로는 책의 활자를 보면서도 머리는 딴 세상에 가 있었던 것입니다. 이런 최악의 독서법과 대비되는 것이 있는데, 그것은 몰입 독서법입니다. 예를 들어보겠습니다.

몰입 독서법

고구려를 세운 주몽의 아버지는 해모수였고 어머니는 유화였다. ('중요한 이름이다. 외워야 한다. 해모수와 유화.') 해모수는 하늘 신의 아들이었고 유화는 물의 신의 딸이었다. 주몽은 신의 핏줄을 타고났던 것이다. ('오호. 주몽은 신의 자손이었구나.') 어머니 유화가 알을 낳았는데 얼마 후 알을 깨고 주몽이 태어났다. ('박혁거세와 똑같이 알에서 태어났구나.') 주몽은 일곱 살이 되자 말을 타고 활을 쏠 수 있었다고 한다. ('주몽은 운동 천재였구나. 그런데 일곱 살짜리가 정말 그럴 수 있었을까?')

가장 이상적인 독서법입니다. 아이는 책의 내용에 빠져들어서 이해하고 놀라고 있으며 때로는 의문도 제기했습니다.

저희는 두 유형의 글을 크게 프린트해서 아이의 책상머리에 붙여놓았습니다. 그리고 물었습니다. "어떻게 읽어야 더 재미있을까?" "어떻게 읽는 아이가 공부를 더 잘하게 될까?"라고 말이죠. 그리고 추가 질문도 했습니다. "요즘 책을 읽으면서 무슨 생각을 하냐?"라고요. 아이는 자신의 독서법을 뒤돌아보면서 제법 심각한 표정을 짓다가 이렇게 답했습니다.

"제가 요즘 책을 읽으면서 딴생각을 하는 것 같아요. 이제 저는 공부를 못하는 아이가 되는 건가요?"

얼마 후 아이의 독서 태도가 바뀌었습니다. 자신이 독서를 하면서 잡념에 빠져들고 걱정에 휩싸인다는 걸 깨닫고는, 스스로 컨트롤하기 시작한 것입니다. 그 후 아이는 집중력을 회복하고 책 내용에 대한 이해도가 높아졌습니다. 부모인 저희는 가슴을 쓸어내리며 안도했습니다.

정서적 자극과 지적 자극

책을 읽고 새로운 정보를 습득하는 과정이 공부 자체입니다. 글자를 읽는 동안 몰입할 수 있는지 여부가 모든 것을 결정합니다. 성적, 학교생활의 재미, 자부심, IQ 성장 등이 독서 태도에 달려 있다는 건 누구나 아는 사실입니다.

문제는 독서 태도입니다. 아이가 몰입 독서를 하도록 이끄는 게 중요합니다. 그러려면 아이의 부모가 적극적으로 개입해서, 독서를 자극해야 합니다. 자극이 몰입 독서를 유도하는 것인데, 자극은 두 가지입니다. 정서적 자극과 지적인 자극이 그것입니다.

아이를 정서적으로 자극할 질문들은 많습니다. "놀부가 다리를 부러뜨렸을 때 제비는 얼마나 아팠을까?"라고 물어보면 아이는 눈이 동그래지며 이야기에 집중할 것입니다. 나쁜 행동에 대한 비판적 판단력도 갖게 될 것입니다. 또 "성냥팔이 소녀는 얼마나 춥고 배가 고팠을까?"라는 질문도 독서에 몰입하게 만들고, 공감 능력을 키워줍니다. "자신이 어린 시절 유괴된 것을 알게 된 라푼젤의 마음은 얼마나 원통했을까?"도 역시 아이의 정서를 자극하고 독서 몰입을 유인할 수 있습니다.

정서적 자극 못지않게 지적인 자극도 중요합니다. 가령 "주몽처럼 박혁거세도 알에서 태어났다"라고 아이가 말하면 부모는 "가야국 김수로왕도 그랬다"고 추가 정보를 줄 수 있습니다. 또 난생 신화(나라의 시조가 알에서 태어났다고 설명하는 신화) 개념을 알려주면 좋을 것입니다. 그렇게 지적인 자극을 받은 아이는 독서에 몰입하고 더 많은 내용을 기억하게 될 것입니다.

또 다른 예를 들어보겠습니다. 가령 "백설공주와 숲속의 잠자는 공주의 공통점이 뭘까?"라고 물어보는 것도 괜찮습니다. 두 여성은 모두 깊은 잠에 빠져들었고 남자의 키스를 받고 깨어났다는 점도 같습니다. 이런 설명은 아이들에게 자극이 됩니다. 어떤 아이는 흥미로워할 테고 또 다른 아이는 성차별적인 설정에 대해 비판적 태도를 갖게 될 것입니다. 반응의 종류가 달라도 결과는 같습니다. 아이들의 독서 집중도가 높아질 것입니다.

공부 효율 높이는 '루틴' 활용법

"책상에 앉으면 이것부터 시작하자"

오늘 배운 것들을 모두 기억하기 위해서는 사실 굉장한 집중력이 필요합니다. 그런데 집중하려고 아무리 애를 써도 집중하기 어려운 때가 있지요. 힘을 덜 들이고도 공부 효율을 높일 수 있다면 얼마나 좋을까요?

공부 루틴이 기억 용량을 늘린다

이럴 때 루틴을 만들어 보는 것은 효과가 큽니다. 루틴은 일의 정해진 순서입니다. 루틴은 기억력을 효율화하지요. 집중력이 약하고 중요한 걸 자주 잊는다면, 우선 생활의 루틴을 만들어 보라고 많은 교육 전문가들이 조언합니다.

가령 등교 루틴이 있습니다. 문에 붙인 체크 리스트를 읽고 빠트린 것이 없나 확인하는 절차만 거쳐도 아이의 생활이 훨씬 안정적으로 바뀝니다. 식사할 때나 집안일을 도울 때 아이가 할 일도 미리 정해놓습니다.

공부할 때도 루틴이 있으면 학습 효율이 높아집니다. 가령 책상에 앉자마자 어제 공부한 내용 중 틀린 것을 훑어보는 루틴을 만드는 것이죠. 휴대폰을 끄는 게 공부 시작의 루틴이라면 그보다 더 좋은 일은 없습니다.

공간 활용의 루틴도 기억이 힘든 아이에게 도움을 줍니다. 예를 들어서 책상 위에 준비물을 모아놓았다가 잠들기 전에 가방에 넣는 겁니다. 또 휴대폰 등 중요한 물건을 두는 곳을 정해놓습니다. 가령 아이에게 이렇게 권할 수 있습니다.

"책상에 앉으면 이것부터 시작하자. 어제 푼 문제 중 틀린 것들을 먼저 훑어보는 거야."

"공부 시작 전에 휴대폰부터 끄고, 이 주머니에 넣자. 그게 공부 루틴이야."

"내일 학교 준비물은 오늘 잠들기 전에 책가방 안에 넣도록 하자."

루틴은 기억 부담을 줄입니다. 하는 일이 똑같이 정해져 있으니 기억할 게 줄어들고 기억 용량에 여유가 생깁니다. 이제 루틴 이외의 정말 중요한 일을 기억할 수 있는 것입니다.

루틴이 갖춰지면 아이는 집중력을 더 효율적으로 활용하는 전략을 익히게 됩니다.

기억력 높이는 과학적 방법들

끝으로 상식이 되었지만 자꾸 잊게 되는 과학적 설명을 살펴보겠습니다. 기억력을 높이려면 운동, 휴식 그리고 약간 어려운 지적 활동이 필요합니다.

먼저 운동이 기억력을 강화합니다. 특히 유산소 운동을 하면 뇌가 건강해지고 기억력을 포함한 지적 능력이 향상될 수 있다는 게 과학자들의 중론입니다. 뇌도 폐나 심장 같은 장기니까 운동을 해서 몸 전체의 건강이 좋아질수록 뇌도 함께 건강해집니다. 아이들이 뛰어놀게 독려하는 것이 기억력 등 뇌의 기능을 높이는 길입니다. 운동장이나 산길에서 달리는 아이들은 노는 게 아니라 IQ를 높이고 있다고 생각하면 되겠습니다.

한편 영국 BBC 방송이 눈길을 끄는 소식을 전한 일이 있습니다. 아무 노력 없이도 기억력을 높이는 방법이 있다는 것이었습니다.*

* BBC의 인터넷 사이트(www.bbc.com)에 실린 2018년 기사 "An effortless way to improve your memory"의 내용입니다.

사람들은 방금 배운 지식을 암기하기 위해서는 공부에 더욱 집중해야 된다고 생각하는데, 사실은 그게 아니라는 겁니다. BBC는 과거와 최근의 연구 사례를 들어서, 푹 쉬면 배운 것을 더 잘 기억하게 된다고 설명했습니다.

"새로운 것을 기억하려면 더 공부해야 한다고 생각하기 쉽다. 하지만 휴식 시간, 말 그대로 아무것도 하지 않는 시간을 때때로 갖는 게 정말로 필요하다. 가령 조명을 낮게 하고 몸을 뒤로 기대고 앉아서 15분 정도 조용한 시간을 보내면 방금 배운 것을 더 잘 기억하게 된다."

15분 정도 조용히 쉬는 동안에 뇌가 새로운 정보를 흡수한다는 이야기입니다. 암기를 위해서는 중간중간 휴식을 취해야 하는 이유입니다.

다만 BBC의 기사가 강조하는 바로는 아무것도 하지 않아야 합니다. 이메일을 확인하거나 스마트폰으로 인터넷 서핑을 하면 효과가 없습니다. 아무것에도 정신을 팔지 않고 뇌가 쉴 수 있는 시간을 주는 것이 기억력 향상의 비법입니다. 이는 알츠하이머 환자에서 청소년까지 모든 연령대의 단기 기억력과 장기 기억력을 높이는 길이라고 합니다.

운동과 휴식 다음으로 기억력 제고를 위해 필요한 것이 조금 어려운 지적 활동입니다. 미국 하버드 의대의 온라인 매체에 실린 글을

보면 이런 대목이 있습니다.•

"어떤 뇌 운동도 정신 빼고 TV 보는 것보다는 낫습니다. 그런데 영향을 가장 크게 하려면 쉽고 편안한 것 이상으로 운동을 해야 합니다. 끝없이 혼자 카드 놀이를 하거나 히스토리 채널에서 최근 다큐멘터리를 장시간 보는 것으로는 부족합니다. 새로운 언어 배우기, 자원봉사, 그리고 뇌에 부담을 주는 다른 활동들을 하는 것이 더 나은 방책입니다."

노인의 경우 혼자 화투를 치는 것은 소용이 없고, 조금 어려운 신문 기사나 책을 읽는 것이 도움이 된다는 이야기입니다. 어린아이도 단순한 게임만 해서는 뇌가 발달할 수 없습니다. 조금 고생스럽게 배우는 모든 학습 과정이 아이의 지적 성장을 자극합니다.

운동, 아무것도 하지 않는 휴식, 그리고 조금 어려운 지적 활동이 기억력을 높입니다. 서두에서 말했듯이 상식적이지만 자주 망각하게 되는 사실입니다.

• Harvard Health Publishing 사이트(www.health.harvard.edu)의 "Memory"라는 글 중 일부를 번역했습니다.

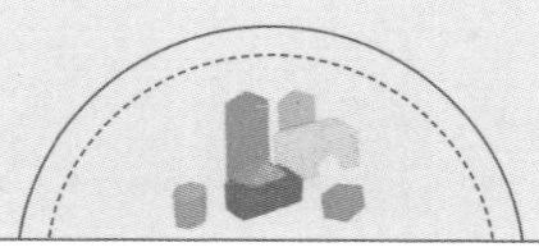

집중력을 끌어올리는

부모 말투

"과거를 슬퍼 말고, 미래를 무서워 말고, 오직 지금 이 순간에 정신을 다 쏟아봐."

"집중력이 무엇이냐고? 지루하고 재미없는 일을 시작하는 힘이 집중력이다. 숙제할 때 떠오르는 딴생각을 무시하는 힘이 집중력이다."

"집중은 원래 어려운 거야. 잡념은 모기떼와도 같지. 잡념 모기의 침투력은 엄청나게 강해. 이 못된 모기떼들의 머릿속 침입을 허락할까? 말까? 네가 결정해 봐."

"책의 구석구석에 빛나는 보석이 있어. 차근차근 찾아볼까? 보석을 하나도 놓치고 싶진 않잖아."

"공부 시작 전에 휴대폰부터 끄고, 이 주머니에 넣자. 그게 공부 루틴이야."

"오늘은 한 글자 한 글자 놓치지 않고 천천히 읽어보자."

"이 책 언제 다 읽나 생각하지 말자. 한 단원씩 읽으면 결국 다 읽게 되니까."

말투를 바꿨더니
아이가 공부에 집중합니다

1판 1쇄 인쇄 2021년 10월 25일
1판 1쇄 발행 2021년 11월 3일

지은이 정재영 · 이서진

발행인 양원석 **편집장** 최혜진
디자인 김유진, 김미선 **영업마케팅** 윤우성, 박소정, 김보미

펴낸 곳 ㈜알에이치코리아
주소 서울시 금천구 가산디지털2로 53, 20층(가산동, 한라시그마밸리)
편집문의 02-6443-8892 **도서문의** 02-6443-8800
홈페이지 http://rhk.co.kr
등록 2004년 1월 15일 제2-3726호

ISBN 978-89-255-7923-8 (03590)